IFRS
Demonstrações financeiras
CASOS PARA EXECUTIVOS

IFRS
Demonstrações financeiras

CASOS PARA EXECUTIVOS

2013

Isabel Costa Lourenço
Professora Associada do ISCTE-IUL

Pedro António Ferreira
Assistente Convidado do ISCTE-IUL

Ana Maria Simões
Professora Auxiliar do ISCTE-IUL

Cláudio António Pais
Professor Auxiliar do ISCTE-IUL

ALMEDINA

IFRS
DEMONSTRAÇÕES FINANCEIRAS
CASOS PARA EXECUTIVOS

AUTORES
Isabel Costa Lourenço
Pedro António Ferreira
Ana Maria Simões
Cláudio António Pais

EDITOR
EDIÇÕES ALMEDINA, S.A.
Rua Fernandes Tomás, nᵒˢ 76-80
3000-167 Coimbra
Tel.: 239 851 904 · Fax: 239 851 901
www.almedina.net · editora@almedina.net

DESIGN DE CAPA
FBA.

PRÉ-IMPRESSÃO
EDIÇÕES ALMEDINA, S.A.

IMPRESSÃO E ACABAMENTO
PENTAEDRO, LDA.

Janeiro, 2013

DEPÓSITO LEGAL
353996/13

 GRUPOALMEDINA

BIBLIOTECA NACIONAL DE PORTUGAL – CATALOGAÇÃO NA PUBLICAÇÃO
IFRS: DEMONSTRAÇÕES FINANCEIRAS – casos para executivos
Isabel Costa Lourenço" [et al.]
ISBN 978-972-40-5072-0
I – LOURENÇO, Isabel Costa
CDU 657
       658

AGRADECIMENTOS

Este livro é o resultado de um trabalho que envolveu, para além dos autores, um conjunto de empresas que extraordinariamente colaboraram neste projeto.

Destacamos a disponibilidade, a partilha de informações e de ideias e a autorização para o uso de denominações, marcas e logótipos[1]. Só assim foi possível elaborar um livro de casos para executivos suportados em empresas e demonstrações financeiras reais e simultaneamente criar cenários hipotéticos para aprendizagem e desenvolvimento de temas.

À Corticeira Amorim, Galp Energia, Jerónimo Martins, Media Capital, Novabase, Portucel Soporcel, Sonae, SUMOL+COMPAL, Toyota Caetano e Zon Multimédia, que nos apoiaram nesta caminhada, o nosso muito obrigado.

Os Autores

ISABEL COSTA LOURENÇO
PEDRO ANTÓNIO FERREIRA
ANA MARIA SIMÕES
CLÁUDIO PAIS

---

[1] As denominações, marcas e logótipos são propriedade da(s) entidade(s) mencionada(s), às quais agradecemos a compreensão, colaboração e cortesia.

PREFÁCIO

No atual mundo globalizado, face à relevância das demonstrações financeiras no mercado de capitais e na atividade empresarial, a adoção das "International Financial Reporting Standards (IFRS)" constitui uma vantagem competitiva para as empresas e, simultaneamente, um desafio para os executivos tendo em conta a crescente complexidade e exigências das suas atuais responsabilidades.

Assim, face à relevância, "juventude" e complexidade das IFRS é muito importante a contribuição dos académicos bem como dos profissionais, para que a aplicação destes normativos seja feita com elevada qualidade.

De igual modo, é imperativo que os executivos interiorizem a importância deste normativo e o modo como impacta as demonstrações financeiras das suas empresas.

Não devemos ignorar que as demonstrações financeiras refletem as decisões estratégicas das organizações, o modo como é percepcionado o seu valor e a sua 'performance', pelo mercado e pelo "stakeholders" – o valor da empresa e a qualidade dos seus gestores.

É de realçar, também, que um dos aspetos mais relevantes das demonstrações financeiras são as divulgações qualitativas e quantitativas, pois, sem adequados "disclosures", não se apresentam demonstrações financeiras de qualidade.

Neste contexto, o livro IFRS Demonstrações Financeiras – Casos para executivos – é, claramente, uma mais-valia não só para os executivos, mas também para os utilizadores das contas das empresas.

Como referido pelos autores, este é um livro diferente, pois, utiliza exemplos "reais" de empresas de referência cotadas em Portugal que preparam as suas demonstrações financeiras em IFRS, o que permite ligar a teoria à prática, aspeto sempre bem vindo e apreciado pelos profissionais. É um excelente contributo que valoriza a necessidade de as empresas investirem, cada vez mais, na qualidade das suas demonstrações financeiras e na forma como procedem ao relato financeiro da sua atividade.

A forma concisa de apresentar as empresas que serviram de base a este livro, a forma interessante de apresentar conceitos e a ligação das demonstrações financeiras aos indicadores utilizados pelo mercado para avaliar as empresas e a sua gestão, aliadas a questões muito pertinentes que se colocam em cada empresa e as respetivas respostas, proporcionam informação objetiva, clara e de grande valor acrescentado.

Desafio-o por isso a descobrir esta obra. Encontrar-se com os autores, percorrendo juntos, os casos reais apresentados, os elementos que, com toda a certeza, lhe parecerão familiares face às situações do seu quotidiano profissional.

Desafio-o também a contribuir para a valorização deste projeto, enriquecendo-o com as suas sugestões e contributos técnicos que possam ser incorporados em futuras edições.

Estou certo que, no final da sua descoberta, juntar-se-á a mim, ao felicitar os autores pela sua iniciativa e pela qualidade distintiva e de referência da presente obra.

CÉSAR ABEL RODRIGUES GONÇALVES
Partner da PwC
Charmain do Governance and Supervisory Board da PwC Portugal

INDICE

1. Introdução

Mais um livro de contabilidade financeira... Com tantos livros de contabilidade financeira no mercado, porquê mais um? Interrogámo-nos nós e, quiçá, interroga-se o leitor. É verdade. É mais um livro de contabilidade financeira. Mas não é apenas mais um livro; este é um livro diferente. Diferente, não; muito diferente. Distinto dos restantes livros existentes no mercado. Original. Melhor ou pior que os demais? Não sabemos, somos suspeitos para responder; cabe ao leitor avaliar e dar uma resposta.

Sabemos, isso sim, que é um livro diferente, distinto e original em vários aspectos. Desde logo, porque é um livro de casos práticos sobre IFRS que usa empresas reais portuguesas cotadas em bolsa. As empresas escolhidas têm em comum o facto de serem empresas de referência no seu setor de atividade. É também um **livro distinto e original** no *objectivo*, na *abordagem*, na *lógica* e na *estrutura*.

Objectivo. Este livro pretende ajudar os *executivos*[2], *atuais e futuros*, a compreender as implicações financeiras, económicas e monetárias das decisões de negócio; a compreender os efeitos das transações de

---

[2] Consideramos atuais executivos todas as pessoas que tomam decisões com impacto no presente e futuro da empresa, independentemente da sua posição hierárquica, do negócio da empresa e do setor em que esta opera. Consideramos futuros executivos todas as pessoas que, embora ainda não tomem decisões de negócio, aspiram a vir a tomá-las num futuro próximo como consequência da natural evolução na sua carreira profissional. Consideramos igualmente futuros executivos os estudantes universitários, os futuros decisores de negócio por excelência.

negócio na posição financeira, na formação de resultados e na capacidade de geração de dinheiro da empresa. Para isso, é necessário, previamente, compreender cada uma das demonstrações financeiras, a sua estrutura, o seu conteúdo e os principais aspetos inerentes à sua preparação.

Abordagem. Este livro explora a contabilidade num *contexto de gestão* e evolução do negócio, em detrimento de um contexto de escrituração contabilística. Segue a *perspetiva do utilizador*, que enfatiza o relato financeiro, em detrimento da perspetiva do preparador, baseada em débitos e créditos. Está *focalizado nas demonstrações financeiras*, dando uma visão integrada do seu conteúdo e da forma como a informação está articulada. Tem uma forte *aderência à realidade*, uma vez que todos os casos decorrem de empresas portuguesas que aplicam as IFRS.

Lógica. Este livro assume uma lógica que tem como núcleo central o negócio da empresa, constituído por atividades e estas por transações. A dinâmica do negócio decorre das decisões tomadas, as quais originam transações que se refletem nas demonstrações financeiras. Estas, por seu turno, relevam informação financeira que, ao ser divulgada, vai ajudar os utilizadores a tomarem novas decisões. Este livro pretende, assim, ajudar a compreender a articulação entre negócio, gestão do negócio, decisões, atividades, transações, efeitos nas demonstrações financeiras, divulgação da informação financeira e tomada de decisões e, consequentemente, ajudar a compreender a utilidade das demonstrações financeiras e, concomitantemente, do sistema contabilístico em geral.

Estrutura. Este livro está organizado por demonstração financeira e não por IFRS, nem por transações ou por categorias de elementos. Também nesta vertente organizacional o livro é uma novidade. O primeiro capítulo dá a conhecer o conjunto completo de demonstrações financeiras e a forma como as mesmas estão articuladas. Os capítulos seguintes abordam cada uma das demonstrações financeiras obrigatórias preparadas de acordo com as IFRS, nomeadamente a demonstração da posição financeira, a demonstração do rendimento integral, a demonstração das alterações no capital próprio, a demonstração dos fluxos de caixa e as notas.

Os conceitos relativos a cada um dos capítulos são introduzidos através de casos reais de empresas portuguesas que aplicam as IFRS. Para efeito da introdução das demonstrações financeiras e do conteúdo geral de cada uma delas recorre-se aos casos **Galp Energia** e **Toyota Caetano**. O capítulo seguinte explora o conteúdo da demonstração da posição financeira recorrendo aos casos **Portucel Soporcel** e **SUMOL+COMPAL**. Na análise da demonstração do rendimento integral recorre-se aos casos **Corticeira Amorim** e **Media Capital**. A demonstração das alterações no capital próprio é estudada com base no caso **Sonae**. A Demonstração dos fluxos de caixa é uma demonstração de cariz monetário e é analisada com recurso aos casos **Novabase** e **Zon Multimédia**. Finalmente, a ilustração da informação apresentada nas notas é efetuada recorrendo-se ao caso **Jerónimo Martins**.

Pretende-se proporcionar ao leitor uma visão integrada das demonstrações financeiras, baseadas em empresas reais que aplicam as IFRS, e tendo como ponto de partida e fio condutor o negócio da empresa e consequentes atividades operacionais, de investimento e de financiamento. Com a leitura deste livro, irá certamente criar competências para:

- Analisar de forma articulada o conteúdo das demonstrações financeiras.

- Analisar os recursos económicos controlados pela empresa e as suas fontes de financiamento.

- Percecionar a diferença entre aquisição e utilização de recursos económicos.

- Compreender o efeito de um investimento e do respetivo financiamento na demonstração da posição financeira e no desempenho futuro.

- Compreender a lógica de formação dos resultados e do desempenho.

- Identificar as fontes geradoras de dinheiro e o destino do dinheiro gerado.

- Compreender a diferença entre posição financeira, posição económica e posição de caixa.

- Compreender a diferença entre geração de lucro e geração de caixa.

- Distinguir as decisões potencialmente geradoras de resultados e de dinheiro e as decisões geradoras de gastos e consumidoras de dinheiro/recursos.

- Analisar a capacidade atual e futura de geração de dinheiro.

- Compreender a diferença entre rendimento integral gerado e resultado líquido do período.

- Analisar os efeitos das principais decisões nas demonstrações financeiras.

- Avaliar o impacto das decisões operacionais, de investimento e de financiamento, nomeadamente, na posição financeira da empresa, na solidez financeira e consequente capacidade de resistência a crises ou situações inesperadas, no desempenho e na capacidade de geração de fluxos de caixa.

- Compreender a importância e saber utilizar a informação apresentada nas notas.

Opção por empresas portuguesas

Optámos, deliberada e naturalmente, por apresentar casos reais de empresas portuguesas. Fizemo-lo por convicção e para divulgar parte do que de bom se faz em Portugal, v.g., casos de sucesso empresarial, marcas, produtos e inovações. Fizemo-lo também, porque, embora sendo europeus convictos e cidadãos do mundo, somos, acima de tudo, Portugueses ...! A opção tomada representa, simbolicamente, a nossa singela contribuição para a comunidade, ao valorizar e divulgar o que é Português.

2. Demonstrações financeiras

ENUNCIADO

Galp Energia: A Energia Positiva

A Galp Energia é uma empresa integrada de energia presente em toda a cadeia de valor do setor Oil & Gas, desde a exploração e produção de petróleo e gás natural, até à comercialização de produtos petrolíferos. É a maior empresa portuguesa em capitalização bolsista, o maior exportador nacional e a única companhia ibérica capaz de fornecer aos seus clientes todas as formas de energia: combustíveis líquidos, gás natural e eletricidade. É uma empresa reconhecida pelas suas políticas de sustentabilidade, fazendo parte do Dow Jones Sustainability Index.

História

A génese da Galp Energia remonta ao século XVIII. Em 1780, Lisboa começa a ser iluminada com os primeiros candeeiros a azeite. Do azeite ao carvão, da iluminação a gás ao petróleo e ao gás natural, passaram-se anos de evolução técnica, económica e social. Ao ritmo do aparecimento destas novas fontes de energia surgem várias empresas – a CRGE, a Sonap, a Sacor, a Cidla, a SPP e a Petrosul – que traçam os destinos do sector energético em Portugal e darão mais tarde origem à Galp.

A Galp Energia foi constituída em 22 de Abril de 1999, na altura com a designação de GALP – Petróleos e Gás de Portugal. Esta empresa, totalmente detida pelo Estado português, passa a agregar a Petrogal, a única empresa refinadora e a principal distribuidora de produtos petrolíferos em Portugal, e a GDP – Gás de Portugal, uma empresa importadora, transportadora e distribuidora de gás natural em Portugal. A Galp Energia entrou em bolsa em 2006, através de uma oferta pública inicial.

A Galp Energia detém entre 30 e 40% do mercado nacional de combustíveis. É a única empresa portuguesa com capacidade de refinação, embora em termos ibéricos detenha apenas 20% dessa capacidade. No final de 2008, adquiriu as redes ibéricas de distribuição da Esso/Mobil e da Agip, tornando-se no terceiro maior operador ibérico.

Nos últimos anos, o eixo central da estratégia da Galp Energia passa pela subida na cadeia de valor, com o reforço do peso das atividades de Exploração & Produção de petróleo e gás, hoje já a sua principal área de atividade, em grande parte devido ao contributo das significativas descobertas de petróleo no pré-sal brasileiro, na Bacia de Santos, no Brasil, em 2007.

A Galp Energia tem participações em diversos blocos nesta zona, e 10% no consórcio que explora o bloco BM-S-11, onde se encontra o campo Lula (antigo Tupi), onde foram efetuadas as maiores descobertas dos últimos 30 anos. Os restantes accionistas deste bloco são a operadora Petrobras, com 65%, e o BG Group, com 25%. A produção comercial neste bloco teve início no ano 2010.

Negócio

A Galp Energia é atualmente um operador integrado de energia presente em toda a cadeia de valor do petróleo e do gás natural. As suas atividades vão desde a exploração e produção de petróleo e gás natural, à refinação e distribuição de produtos petrolíferos, à distribuição e venda de gás natural e à geração de energia elétrica. A Galp Energia desenvolve as suas atividades em 13 países de 4 continentes.

Seguidamente apresentam-se alguns indicadores da atividade desenvolvida pela Galp Energia retirados das suas demonstrações financeiras consolidadas do ano 2011, com o comparativo de 2010.

(milhares de euros)

INDICADORES	2010	2011
Volume de vendas	13.747.406	16.362.671
Ativo total	9.147.515	10.155.417
Capital próprio atribuível aos acionistas da Galp	2.613.209	2.885.483
Resultado líquido atribuível aos acionistas da Galp	451.810	432.682
Nº de colaboradores	7.311	7.381

Acionistas

O capital da Galp Energia é composto por 829.250.635 ações. Os acionistas de referência são a Amorim Energia, a italiana Eni e a Parpública.

ACIONISTAS	PAÍS SEDE	Nº DE AÇÕES	% CAPITAL
Participações Qualificadas			
Amorim Energia	Holanda	317.934.693	38,34%
Eni	Itália	235.009.629	24,34%
Parpública	Portugal	58.079.514	7,00%
Free-float			
Restantes acionistas	Diversos	209.934.289	30,32%

Data de referência: 5 Dezembro 2012.

As ações da Galp Energia são negociadas desde Outubro de 2006 na Euronext Lisbon. São um dos títulos mais transacionados e de maior peso no PSI-20. Têm uma dispersão em bolsa de mais de 25%, a maior capitalização bolsista do mercado acionista português e um peso crescente nos índices internacionais que compõe. Seguidamente apresenta-se alguns indicadores relacionados com as ações da Galp Energia no final de 2010 e no final de 2011.

INDICADORES	2010	2011
Cotação em 31/12	€ 14,510 / ação	€ 11,380 / ação
Dividendos pagos	€ 0,20 / ação	€ 0,20 / ação

Modelo de governo

O modelo de governo da Galp Energia compreende um conjunto de órgãos sociais com competências deliberativas, executivas e de fiscalização. As funções de administração cabem ao conselho de administração, que delega poderes de gestão na comissão executiva, e as funções de fiscalização cabem ao conselho fiscal e a uma sociedade de revisores oficiais de contas.

Poderá consultar informação adicional e visualizar vídeos sobre a Galp Energia no *website* www.galpenergia.com.

QUESTÕES:

1. **Utilizadores das demonstrações financeiras**

   a. Quais são os utilizadores das demonstrações financeiras da Galp Energia?

   b. Quem são os acionistas da Galp Energia?

   c. Existe algum acionista que controle a Galp Energia?

   d. Os membros da comissão executiva são os proprietários da Galp Energia?

2. **Demonstrações financeiras**

   a. Quais as demonstrações financeiras que a Galp Energia deve apresentar?

   b. Qual o objetivo destas demonstrações financeiras? O que apresenta cada uma delas?

3. Valor de mercado vs valor contabilístico

a. Qual o valor de mercado da Galp Energia no final de 2011?

b. Qual o *Price-to-book* da Galp Energia no final de 2011?

c. Identifique possíveis razões para a diferença entre o valor de mercado e o valor contabilístico da Galp Energia.

4. O papel das demonstrações financeiras para os utilizadores

Construa uma matriz evidenciando as principais necessidades de informação de cada tipo de utilizador das demonstrações financeiras.

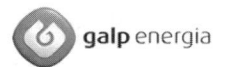

RESOLUÇÃO

Galp Energia: A Energia Positiva

1. Utilizadores das demonstrações financeiras

a. Quais são os utilizadores das demonstrações financeiras da Galp Energia?

São todas as pessoas ou entidades que podem tomar decisões económicas com base na informação que consta nas demonstrações financeiras da Galp Energia, nomeadamente, os investidores (acionistas), clientes, fornecedores, instituições financeiras, colaboradores e sindicatos, estado, autoridades regionais e locais, organizações não governamentais e associações, v.g., ambientalistas.

b. Quem são os acionistas da Galp Energia?

O principal acionista da Galp Energia é a Amorim Energia, com uma participação de 38,34%. Existem ainda dois outros acionistas com posições de relevo no capital da Galp Energia, a petrolífera italiana Eni e o Estado português (através da Parpública). Além destes, são acionistas da Galp Energia os milhares de pessoas ou entidades, como sejam fundos de investimento, que detêm ações desta empresa.

c. Existe algum acionista que controle a Galp Energia?

Nenhum acionista controla, individualmente, a Galp Energia. A Amorim Energia é o maior acionista, com uma participação de 38,34%.

d. Os membros da comissão executiva são os proprietários da Galp Energia?

Não devemos confundir os membros da comissão executiva da Galp Energia com os seus proprietários. Os membros da comissão executiva têm poder de gestão que são delegados pelo conselho de administração. Os proprietários são os acionistas. Contudo, os membros do conselho de administração da Galp são nomeados pelos principais acionistas da empresa.

2. Demonstrações financeiras

a. Quais as demonstrações financeiras que a Galp Energia deve apresentar?

A Galp Energia deve apresentar um conjunto completo de demonstrações financeiras que compreende o seguinte:

- Demonstração da posição financeira;

- Demonstração do rendimento integral[3], ou uma demonstração dos resultados e uma demonstração do outro rendimento integral;

- Demonstração de alterações no capital próprio;

- Demonstração dos fluxos de caixa; e

- Notas.

b. Qual o objetivo destas demonstrações financeiras? O que apresenta cada uma delas?

Estas demonstrações financeiras têm como objetivo proporcionar informação financeira sobre a Galp Energia que seja útil para os atuais e potenciais investidores, mutuantes e outros credores

---

[3] Esta demonstração pode ter também a designação de demonstração dos resultados e de outro rendimento integral.

na tomada de decisão acerca do fornecimento de recursos para a entidade.

A demonstração da posição financeira apresenta a posição financeira da Galp Energia no fim do período de relato.

A demonstração do rendimento integral apresenta os rendimentos gerados e os gastos suportados pela Galp Energia durante o período de relato.

A demonstração de alterações no capital próprio apresenta as alterações ocorridas no capital próprio da Galp Energia durante o período de relato que tenham sido realizadas com os detentores do capital da Galp Energia e também as que resultem de ajustamentos associados a alterações de políticas contabilísticas e correção de erros.

A demonstração dos fluxos de caixa apresenta os fluxos de caixa da Galp Energia durante o período de relato.

As notas apresentam informação complementar e informação adicional àquela que está incluída nas restantes demonstrações financeiras.

3. Valor de mercado vs valor contabilístico

a. Qual o valor de mercado da Galp Energia no final de 2011?

O valor de mercado da Galp Energia será a sua capitalização bolsista, calculada através do produto do número de ações pela respetiva cotação. Assim o valor de mercado da Galp Energia no final de 2011 totaliza 9.436.872 milhares de euros (11,380 € × 829.250.635 ações).

b. Qual o *Price-to-book* da Galp Energia no final de 2011?

O rácio *Price-to-book* permite comparar o valor de mercado com o valor contabilístico de uma entidade (capital próprio atribuível aos acionistas). A Galp Energia tem, no final de 2011, um *Price-to-book* de 3,27 (9.436.872 ÷ 2.885.483).

O valor atribuído pelo mercado à Galp Energia é claramente superior ao seu valor contabilístico, o que sugere que o valor de mercado reflete não apenas o valor contabilístico das entidades mas também as expetativas que os acionistas têm sobre os seus fluxos de caixa futuros, ou criação de valor no futuro.

c. **Identifique possíveis razões para a diferença entre o valor de mercado e o valor contabilístico da Galp Energia.**

Possíveis razões para a diferença entre o valor de mercado e o valor contabilístico da Galp Energia são:

– Ativos reconhecidos na demonstração da posição financeira da Galp Energia por um valor contabilístico diferente do justo valor como, por exemplo, ativos fixos tangíveis e alguns ativos intangíveis, nomeadamente acordos de concessão;

– Ativos intangíveis identificáveis que não cumprem os critérios de reconhecimento na demonstração da posição financeira da Galp;

– *Goodwill* gerado internamente pela Galp Energia; e

– Perspetivas de crescimento futuro.

4. O papel das demonstrações financeiras para os utilizadores

Construa uma matriz evidenciando as principais necessidades de informação de cada tipo de utilizador das demonstrações financeiras.

UTILIZADORES	NECESSIDADES DE INFORMAÇÃO
Investidores (acionistas)	Informação para tomar decisões de comprar, vender ou manter ações em carteira.
Clientes	Informação acerca da continuidade da empresa, especialmente se os clientes estão dependentes dos produtos e serviços por ela prestados.
Fornecedores	Informação para determinar a capacidade da empresa para pagar as quantias devidas nas datas de vencimento. Informação acerca da continuidade da empresa, especialmente se os fornecedores estão dependentes das encomendas por ela efetuadas.
Instituições financeiras	Informação para determinar a capacidade da empresa para pagar os empréstimos e os juros quando vencidos.
Colaboradores e sindicatos	Informação sobre a estabilidade e a rentabilidade da empresa empregadora. Informação para determinar a capacidade da empresa para proporcionar outros benefícios aos empregados atuais, assim como proporcionar novas oportunidades de emprego de futuro.
Estado	Informação sobre a situação tributária dos sujeitos passivos.
Autoridades regionais e locais	Informação sobre a contribuição da empresa para a economia local e/ou regional. Informação sobre o número de pessoas que empregam e impacto no nível de vida da localidade.
ONG's e Associações	Informação sobre transparência e ética nos negócios. Informação sobre a relação entre a rentabilidade da empresa e a sua política de sustentabilidade.

CASO Toyota Caetano

ENUNCIADO

História de um homem que se tornou um dos mais ricos de Portugal

A Toyota Caetano Portugal é uma das maiores empresas portuguesas do sector automóvel, integrando o Grupo Salvador Caetano. O seu fundador, Salvador Fernandes Caetano, foi distinguido com o Grau de Comendador da Ordem de Mérito Agrícola e Industrial pelo Governo Português e foi agraciado pelo Governo Japonês com a Ordem do Tesouro Sagrado. Recebeu igualmente distinções do Rotary Club e do Lions Club International. Faleceu em 27 de Junho de 2011 com 85 anos de idade. Nesta data a sua fortuna estava avaliada em 637,4 milhões de Euros, ou seja, Salvador Caetano era o oitavo homem mais rico de Portugal.

História

Salvador Caetano começou a trabalhar com onze anos como ajudante de pintor, estabeleceu-se por conta própria aos dezoito e em 1946, então com vinte anos, criou a empresa Martins & Caetano & Irmão, Lda., uma fábrica de carroçarias, que seria o embrião de Toyota Caetano Portugal.

Em 1968, Salvador Caetano tornou-se o representante exclusivo da Toyota em Portugal e construiu a Fábrica de Montagem de Veículos Automóveis em Ovar, inaugurada em 1971, a primeira unidade de produção Toyota na Europa. A partir dessa data, o crescimento da empresa e a expansão dos negócios alargaram-se a todo o país, e mais tarde ao estrangeiro, passando igualmente pela diversificação de produtos e atividades.

Negócio

A Toyota Caetano dedica-se essencialmente à importação de automóveis ligeiros, comerciais e de passageiros Toyota, à montagem dos mini-autocarros Caetano e à montagem de automóveis comerciais ligeiros Toyota (Dyna e Hiace).

Acionistas

A Toyota Caetano é uma sociedade anónima cujas acções estão, desde 1987, admitidas à cotação na Euronext Lisbon. Em 31 de Dezembro de 2010, o capital da Empresa era composto por 35.000.000 acções, das quais 60% pertencem aos herdeiros de Salvador Caetano e 27% ao grupo Japonês Toyota Motor.

Demonstrações financeiras

A Toyota Caetano, sendo empresa mãe de um grupo de empresas entendido como uma única entidade económica, apresenta simultaneamente um conjunto de demonstrações financeiras separadas (ou individuais) e um conjunto de demonstrações financeiras consolidadas, sendo estas últimas especialmente importantes para a tomada de decisões económicas.

Seguidamente, apresenta-se a demonstração da posição financeira, a demonstração dos resultados, a demonstração do outro rendimento integral, a demonstração de alterações no capital próprio, a demonstração dos fluxos de caixa e algumas notas retiradas do conjunto de demonstrações financeiras consolidadas apresentadas pela Toyota Caetano relativas ao ano 2010.

DEMONSTRAÇÃO DA POSIÇÃO FINANCEIRA CONSOLIDADA
Toyota Caetano

			euros
ATIVO	**Notas**	**10/12/31**	**09/12/31**
ATIVOS NÃO CORRENTES:			
Diferenças de consolidação	9	611 997	611 997
Ativos intangíveis	6	313 801	334 149
Ativos fixos tangíveis	7	98 443 328	93 487 822
Propriedades de investimento	8	16 910 528	16 076 792
Investimentos disponíveis para venda	10	3 395 705	62 136
Ativos por impostos diferidos	15	2 506 497	1 798 198
Clientes	12	1 556 626	2 093 425
Outros ativos não correntes			
Total de ativos não correntes		**123 738 482**	**114 464 519**
ATIVOS CORRENTES:			
Inventários	11	66 797 892	69 173 277
Clientes	12	68 808 514	62 017 688
Outras dívidas de terceiros	13	7 970 625	13 173 423
Estado e outros entes públicos	23	1 636 769	127 892
Outros ativos correntes	14	2 115 892	1 713 612
Investimentos disponíveis para venda	10		5 305 021
Caixa e equivalentes a caixa	16	20 102 375	25 214 005
Total de ativos correntes		**167 432 067**	**176 724 918**
Ativos não correntes detidos para venda			
Total do Ativo		**291 170 549**	**291 189 437**

DEMONSTRAÇÃO DA POSIÇÃO FINANCEIRA CONSOLIDADA
Toyota Caetano

CAPITAL PRÓPRIO E PASSIVO			
CAPITAL PRÓPRIO:			
Capital social	17	35 000 000	35 000 000
Ações próprias			
Reserva legal		7 498 903	7 498 903
Reservas de reavaliação		6 195 184	6 195 184
Reservas de conversão		-1 695 238	-1 695 238
Outras Variações no capital próprio			
Reservas de justo valor		-271 329	885 936
Outras reservas		81 278 229	76 079 493
Resultados acumulados			
Resultado consolidado líquido do exercício		11 740 117	10 379 409
	18	**139 745 866**	**134 343 687**
Interesses minoritários	19	1 081 820	3 284 681
Total do capital próprio		**140 827 686**	**137 628 368**
PASSIVO:			
PASSIVO NÃO CORRENTE:			
Empréstimos bancários de longo prazo	20	250 000	250 000
Empréstimos obrigacionistas			
Responsabilidades por pensões	25		
Outros empréstimos	20	1 908 747	2 119 358
Outras dívidas a terceiros	22	6 621 087	8 880 233
Passivos por impostos diferidos	15	1 771 535	1 578 930
Total de passivos não correntes		**10 551 369**	**12 828 521**
PASSIVO CORRENTE:			
Empréstimos bancários de curto prazo	20	59 565 402	73 387 506
Empréstimos obrigacionistas			
Outros empréstimos			
Fornecedores	21	37 913 647	30 611 514
Outras dívidas a terceiros	22	5 011 963	5 728 156
Estado e outros entes públicos	23	18 818 974	14 046 886
Outros passivos correntes	24	17 205 024	14 961 426
Provisões	26	1 101 702	828 133
Instrumentos derivados	27	174 782	1 168 927
Total de passivos correntes		**139 791 494**	**140 732 548**
Passivos associados a ativos detidos para venda			
Total do passivo e capital próprio		**291 170 549**	**291 189 437**

DEMONSTRAÇÃO CONSOLIDADA DOS RESULTADOS

Toyota Caetano

	Notas	10/12/31	euros 09/12/31
Ganhos operacionais:			
Vendas	33	400 197 180	372 200 557
Prestações de serviços	33	26 061 086	26 924 355
Outros ganhos operacionais	34	37 007 063	38 949 037
Total de ganhos operacionais		**463 265 329**	**438 073 949**
Gastos operacionais:			
Custo das vendas	11	-328 775 232	-303 155 837
Variação da produção	11	-1 036 729	-3 295 243
Fornecimentos e serviços externos		-47 500 001	-45 320 386
Gastos com o pessoal	32	-48 509 077	-47 897 001
Amortizações e depreciações	6 e 7	-18 003 463	-18 510 791
Amortizações de propriedades de investimento	8	-916 724	-1 138 524
Provisões e perdas por imparidade	26	-2 658 157	-1 030 447
Outros gastos operacionais		-2 732 061	-3 240 310
Total de gastos operacionais		**-450 131 444**	**-423 588 539**
Resultados operacionais		**13 133 885**	**14 485 410**
Gastos e Perdas Financeiros	36	-2 959 989	-3 620 389
Rendimentos e Ganhos Financeiros	36	4 371 094	3 369 006
Resultados antes de impostos		**14 544 990**	**14 234 027**
Impostos sobre o rendimento	29	-2 608 280	-3 992 468
Resultado líquido consolidado do exercício		**11 936 710**	**10 241 559**
Resultado líquido consolidado			
Atribuível:			
ao Grupo		11 740 117	10 379 409
a interesses minoritários		196 593	-137 850
		11 936 710	*10 241 559*
Resultados por ação:			
de operações continuadas	30	0,341	0,293
de operações descontinuadas			-
Básico		0,341	0,293
de operações continuadas	30	0,341	0,293
de operações descontinuadas			-
Diluído		0,341	0,293

DEMONSTRAÇÃO CONSOLIDADA DO OUTRO RENDIMENTO INTEGRAL

Toyota Caetano

	euros	
	10/12/31	09/12/31
Resultado consolidado líquido do exercício, incluindo interesses minoritários	11 936 710	10 241 559
Componentes de outro rendimento integral consolidado, líquido de imposto:		
Variação do justo valor de investimentos disponíveis para venda	-1 157 265	654 400
Outros	69 327	-125 242
Variação nas reservas de conversão cambial		
Variação nas reservas de justo valor		
Rendimento integral consolidado do período	10 848 772	10 770 717
Atribuível a:		
Acionistas da empresa mãe	10 652 179	10 976 495
Interesses minoritários	196 593	-205 778

DEMONSTRAÇÃO CONSOLIDADA DE ALTERAÇÕES NO CAPITAL PRÓPRIO

Toyota Caetano

euros

	Capital Social	Reservas legais	Reservas de reavaliação	Reservas de conversão cambial	Reservas de justo valor	Outras reservas	Total de reservas	Interesses minoritários	Resultado líquido	Total
Saldos em 31 de Dezembro de 2008	35 000 000	7 498 903	6 195 184	-1 695 238	231 536	76 789 014	89 019 399	3 490 459	1 797 793	129 307 651
Aplicação do resultado consolidado de 2008:										
Dividendos distribuídos									-2 450 000	-2 450 000
Transferência para Outras reservas						-652 207	-652 207		652 207	
Rendimento integral consolidado do exercício					654 400	-57 314	597 086	-205 778	10 379 409	10 770 717
Saldos em 31 de Dezembro de 2009	35 000 000	7 498 903	6 195 184	-1 695 238	885 936	76 079 493	88 964 278	3 284 681	10 379 409	137 628 368
Saldos em 31 de Dezembro de 2009	35 000 000	7 498 903	6 195 184	-1 695 238	885 936	76 079 493	88 964 278	3 284 681	10 379 409	137 628 368
Aplicação do resultado consolidado de 2009:										
Transferência para reserva legal										
Dividendos distribuídos									-5 250 000	-5 250 000
Transferência para Outras reservas						5 129 409	5 129 409		-5 129 409	
Rendimento integral consolidado do exercício					-1 157 265	69 327	-1 087 938	196 593	11 740 117	10 848 772
Outros								-2 399 454		-2 399 454
Saldos em 31 de Dezembro de 2010	35 000 000	7 498 903	6 195 184	-1 695 238	-271 329	81 278 229	93 005 749	1 081 820	11 740 117	140 827 686

DEMONSTRAÇÃO CONSOLIDADA DOS FLUXOS DE CAIXA
Toyota Caetano

euros

ATIVIDADES OPERACIONAIS	Dez/10		Dez/09	
Recebimentos de Clientes	446 426 493		433 737 918	
Pagamentos a Fornecedores	-362 561 678		-321 211 227	
Pagamentos ao Pessoal	-40 894 340		-39 358 985	
Fluxo gerado pelas Operações		42 970 475		73 167 706
Pagamento do Imposto sobre o Rendimento		-1 839 614		-1 322 638
Outros Rec/Pag relativos à Atividade Operacional		-15 550 847		-10 522 648
Fluxo das Atividades Operacionais		**25 580 014**		**61 322 420**

ATIVIDADES DE INVESTIMENTO	Dez/10		Dez/09	
Recebimentos provenientes de:				
Investimentos Financeiros	5 589 458			
Activos Fixos Tangíveis	19 767 478		11 598 704	
Activos Intangíveis	56 133		99 468	
Subsídios de Investimento	476 841		2 120 963	
Juros e Proveitos Similares	130 487		356 807	
Dividendos	268 398	26 288 795	144 915	14 320 857
Pagamentos respeitantes a:				
Investimentos Financeiros	-3 604 898			
Ativos Fixos Tangíveis	-27 206 926		-15 259 779	
Ativos Intangíveis	-212 258	-31 024 082	-88 963	-15 348 742
Fluxo das Atividades de Investimento		**-4 735 287**		**-1 027 885**

ATIVIDADES DE FINANCIAMENTO	Dez/10		Dez/09	
Recebimentos provenientes de:				
Empréstimos Obtidos	730 000		2 369 358	2 369 358
Subsídios e doações	0	730 000	0	
Pagamentos respeitantes a:				
Empréstimos Obtidos	-14 762 716		-45 020 256	
Amortização de Contratos de Locação Financeira	-3 644 156		-1 743 540	
Juros e Custos Similares	-3 040 660		-3 872 670	
Dividendos	-5 238 825	-26 686 357	-2 447 894	-53 084 360
Fluxo das Atividades de Financiamento		**-25 956 357**		**-50 715 002**

CAIXA E EQUIVALENTES	Dez/10	Dez/09
Caixa e Seus Equivalentes no Início do Período (Nota 16)	25 214 005	15 634 472
Variação Operações descontinuadas		
Variação do Perimetro (Nota 5)		
Caixa e Seus Equivalentes no Fim do Período (Note 16)	20 102 375	25 214 005
Variação de Caixa e Seus Equivalentes	**-5 111 630**	**9 579 534**

ALGUMAS NOTAS

Toyota Caetano

Nota 4 – Empresas do Grupo Incluídas na Consolidação

As Empresas do Grupo incluídas na consolidação pelo método de consolidação integral e a respectiva proporção do capital detido em 31 de Dezembro de 2010 e 2009, são como se segue:

Empresas	PERCENTAGEM DE PARTICIPAÇÃO EFETIVA	
	Dez/10	Dez/09
Toyota Caetano Portugal, SA	Empresa-mãe	
Saltano - Investimentos e Gestão (SGPS), SA	99,98%	99,98%
Salvador Caetano (UK), Ltd	99,82%	99,82%
Caetano Components, SA	99,98%	99,98%
Cabo Verde Motors, SARL	81,24%	81,24%
Caetano Renting, SA	99,98%	99,98%
Caetano - Auto, SA	98,39%	93,18%
Caetano Retail (Norte) II, SGPS, SA	49,20%	46,59%
Auto Partner - Comércio de Automóveis, SA	49,20%	46,59%
Caetano Colisão (Norte), SA	49,20%	46,59%
Movicargo - Movimentação Industrial, Lda	100,00%	100,00%

Estas empresas foram incluídas na consolidação pelo método da consolidação integral, conforme estabelecido pelo IAS 27 – "Demonstrações financeiras consolidadas e individuais" (controlo da subsidiária através da maioria dos direitos de voto, ou de outro mecanismo, sendo titular de capital da empresa – Nota 2.2 a)).

Nota 11 – Inventários

Em 31 de Dezembro de 2010 e 2009, esta rubrica tinha a seguinte composição:

	Dez/10	Dez/09
Matérias-primas, Subsidiárias e de Consumo	9 398 703	8 454 175
Produtos e Trabalhos em Curso	6 235 204	7 229 196
Produtos acabados e intermédios	3 869 884	3 896 895
Mercadorias	49 655 887	51 975 486
	69 159 678	71 555 752
Perdas de imparidade acumuladas em inventários (nota 26)	-2 361 786	-2 382 475
	66 797 892	69 173 277

Nota 33 – Vendas e Prestações de Serviços por Mercados Geográficos e Actividade

O detalhe das vendas e prestações de serviços por mercados geográficos, nos exercícios findos em 31 de Dezembro de 2010 e 2009, foi como se segue:

	Dez/10		Dez/09	
Mercado	Valor	%	Valor	%
Nacional	399 447 852	93,71%	374 172 902	93,75%
Alemanha	53 574	0,01%	4 378	0,00%
Reino Unido	1 225	0,00%	1 494	0,00%
Espanha	389 421	0,09%	225 180	0,05%
Palop's	11 879 499	2,79%	14 602 419	3,66%
Outros Mercados	14 486 695	3,40%	10 118 539	2,54%
	426 258 266	100,00%	399 124 912	100,00%

Adicionalmente, a repartição das vendas e prestação de serviços por actividade é como se segue:

	Dez/10		Dez/09	
Atividade	Valor	%	Valor	%
Veículos	335 675 555	78,75%	310 946 223	77,91%
Peças	59 060 790	13,86%	56 538 168	14,17%
Reparações	26 061 086	6,11%	26 924 356	6,75%
Outros	5 460 835	1,28%	4 716 165	1,18%
	426 258 266	100,00%	399 124 912	100,00%

Poderá consultar informação adicional e visualizar vídeos sobre a Toyota Caetano no *website* www.toyotacaetano.pt.

Responda a cada uma das questões que se seguem, tendo por base as demonstrações financeiras consolidadas da Toyota Caetano.

QUESTÕES:

1. **Demonstrações financeiras**

   a. Quais as demonstrações financeiras apresentadas pela Toyota Caetano?

   b. Qual o referencial contabilístico utilizado pela Toyota Caetano na preparação das suas demonstrações financeiras? Porquê este referencial?

2. **Demonstração da posição financeira**

   a. Qual a informação proporcionada pela demonstração da posição financeira da Toyota Caetano?

   b. Qual o valor e o significado do ativo, do passivo e do capital próprio da Toyota Caetano em 31.12.2010?

   c. Quais os principais ativos e passivos da Toyota Caetano?

3. **Demonstração dos resultados**

   a. Qual a informação proporcionada pela demonstração dos resultados da Toyota Caetano?

   b. Qual o valor das vendas e prestações de serviços da Toyota Caetano no ano 2010? Qual a variação relativamente ao ano anterior?

   c. Quais os principais gastos operacionais da Toyota Caetano no ano 2010?

   d. Qual o resultado por ação da Toyota Caetano no ano 2010? Qual a variação relativamente ao ano anterior?

4. Demonstração do outro rendimento integral

a. Qual a informação proporcionada pela demonstração do outro rendimento integral da Toyota Caetano?

b. Qual o valor do outro rendimento integral da Toyota Caetano no ano 2010?

c. Qual o principal componente do outro rendimento integral da Toyota Caetano?

5. Demonstração de alterações no capital próprio

a. Qual a informação proporcionada pela demonstração de alterações no capital próprio da Toyota Caetano?

b. Qual o valor dos investimentos efetuados na Toyota Caetano pelos seus acionistas e qual o valor das distribuições efetuadas pela entidade aos seus acionistas durante o ano 2010?

c. Como é que a Toyota Caetano aplicou, em 2010, os resultados líquidos gerados no ano 2009?

6. Demonstração dos fluxos de caixa

a. Qual a informação proporcionada pela demonstração dos fluxos de caixa da Toyota Caetano?

b. Qual o valor e o significado dos fluxos de caixa das atividades operacionais, de investimento e de financiamento da Toyota Caetano no ano 2010?

c. Quais os principais fluxos de caixa das atividades operacionais da Toyota Caetano?

7. Notas

a. Qual a informação proporcionada pelas notas da Toyota Caetano?

b. Quais as empresas que constituem o grupo Toyota Caetano em 31.12.2010?

c. Qual o valor das matérias-primas, das mercadorias e dos produtos acabados e intermédios detidos pela Toyota Caetano em 31.12.2010?

d. Qual a proporção das vendas e prestação de serviços da Toyota Caetano para o mercado interno no ano 2010? Qual o valor das vendas de veículos neste mesmo ano?

RESOLUÇÃO

História de um homem que se tornou um dos mais ricos de Portugal

1. **Demonstrações financeiras**

   a. Quais são demonstrações financeiras apresentadas pela Toyota Caetano?

   A Toyota Caetano apresenta um conjunto completo de demonstrações financeiras que compreende o seguinte:

   - Demonstração da posição financeira;

   - Demonstração dos resultados;

   - Demonstração do outro rendimento integral;

   - Demonstração de alterações no capital próprio;

   - Demonstração de fluxos de caixa; e

   - Notas.

   b. Qual o referencial contabilístico utilizado pela Toyota Caetano na preparação das suas demonstrações financeiras? Porquê este referencial?

   A Toyota Caetano prepara as suas demonstrações financeiras consolidadas utilizando as normas do IASB, as quais compreendem um conjunto de IFRS (*International Financial Reporting Standards*) e de

IAS (*International Accounting Standards*), e também algumas interpretações (IFRIC e SIC).

A Toyota Caetano tem as suas ações admitidas à cotação na Euronext Lisbon, pelo que está sujeita à aplicação obrigatória das normas do IASB na preparação das suas demonstrações financeiras consolidadas.

2. Demonstração da posição financeira

a. Qual a informação proporcionada pela demonstração da posição financeira da Toyota Caetano?

A demonstração da posição financeira da Toyota Caetano apresenta a posição financeira desta entidade no fim do período de relato. Esta demonstração inclui três categorias de elementos: ativos, passivos e capitais próprios. Os ativos representam os recursos económicos que a entidade controla. Os passivos e os capitais próprios representam a respetiva fonte de financiamento.

b. Qual o valor e o significado do ativo, do passivo e do capital próprio da Toyota Caetano em 31.12.2010?

O ativo da Toyota Caetano no final de 2010 totaliza 291.170.549 euros e representa os recursos que a entidade controla como resultado de eventos passados e dos quais se espera que fluam para a mesma benefícios económicos no futuro.

O passivo da Toyota Caetano no final de 2010 totaliza 150.342.863 euros e representa as obrigações presentes da entidade resultantes de eventos passados, da liquidação das quais se espera que resulte uma saída de recursos que incorporam benefícios económicos.

O capital próprio da Toyota Caetano no final de 2010 totaliza 140.827.686 euros e representa o investimento efetuado pelos acionistas e os lucros gerados e reinvestidos na entidade.

O passivo e o capital próprio representam, assim, as fontes de financiamento dos recursos da entidade. O peso do capital alheio é idêntico ao peso do capital próprio, o que denota existir equilíbrio na estrutura de capital desta entidade.

c. Quais os principais ativos e passivos da Toyota Caetano?

Os principais ativos da Toyota Caetano são ativos fixos tangíveis, clientes e inventários, que correspondem, respetivamente, a 34%, 23% e 24% do ativo. Os ativos fixos tangíveis são, por exemplo, o edifício fabril e equipamentos de montagem de automóveis comerciais ligeiros; os inventários são, por exemplo, automóveis detidos para venda e peças detidas para integrar na montagem de mini autocarros.

Os principais passivos da Toyota Caetano são empréstimos bancários de curto prazo e fornecedores, que correspondem, respetivamente, a 40% e 25% do passivo.

3. Demonstração dos resultados

a. Qual a informação proporcionada pela demonstração dos resultados da Toyota Caetano?

A demonstração dos resultados da Toyota Caetano apresenta os rendimentos gerados e os gastos suportados durante o período de relato que são incluídos nos lucros ou prejuízos desta entidade. Esta demonstração financeira permite analisar, em termos absolutos, o desempenho da entidade. Os valores apresentados na demonstração dos resultados podem ser usados para determinar a taxa de retorno dos ativos e a taxa de retorno dos capitais dos proprietários da entidade.

b. Qual o valor das vendas e prestações de serviços da Toyota Caetano no ano 2010? Qual a variação relativamente ao ano anterior?

O valor das vendas e prestações de serviços da Toyota Caetano no ano 2010 totaliza 426.258.266 euros e representa um aumento de 6,8% relativamente ao ano anterior.

c. Quais os principais gastos operacionais da Toyota Caetano no ano 2010?

Os principais gastos operacionais da Toyota Caetano são o custo das vendas, os fornecimentos e serviços externos e os gastos com pessoal. O custo das vendas tem um peso de 73% no total dos gastos operacionais, o que caracteriza um negócio que é maioritariamente de natureza comercial.

d. Qual o resultado por ação da Toyota Caetano no ano 2010? Qual a variação relativamente ao ano anterior?

O resultado por ação da Toyota Caetano no ano 2010 é 0,341 euros e representa um aumento de 16% relativamente ao ano anterior.

4. Demonstração do outro rendimento integral

a. Qual a informação proporcionada pela demonstração do outro rendimento integral da Toyota Caetano?

A demonstração do outro rendimento integral da Toyota Caetano apresenta os rendimentos gerados e os gastos suportados durante o período de relato reconhecidos no capital próprio desta entidade, mas que não são incluídos nos seus lucros ou prejuízos.

Esta demonstração financeira permite-nos também conhecer o valor total dos rendimentos gerados deduzidos dos gastos suportados pela entidade no período de relato (rendimento integral). Para uma análise mais completa do desempenho, deverá usar-se o rendimento integral em detrimento dos lucros ou prejuízos do período.

b. **Qual o valor do outro rendimento integral da Toyota Caetano no ano 2010?**

O outro rendimento integral da Toyota Caetano no ano 2010 totaliza (1.087.938) euros. Se não se tivesse verificado este efeito negativo dos rendimentos e gastos reconhecidos diretamente nos capitais próprios da entidade, o rendimento integral teria sido superior em 9%.

c. **Qual o principal componente do outro rendimento integral da Toyota Caetano?**

O principal componente do outro rendimento integral da Toyota Caetano é a variação do justo valor de investimentos disponíveis para venda. A perda nestes investimentos teve um impacto negativo nos capitais próprios da entidade, mas não muito significativo (menos de 1%).

5. Demonstração das alterações no capital próprio

a. **Qual a informação proporcionada pela demonstração de alterações no capital próprio da Toyota Caetano?**

A demonstração das alterações no capital próprio da Toyota Caetano apresenta as alterações ocorridas no capital próprio durante o período de relato que tenham sido realizadas com os detentores do capital desta entidade.

b. **Qual o valor dos investimentos efetuados na Toyota Caetano pelos seus acionistas e qual o valor das distribuições efetuadas pela entidade aos seus acionistas durante o ano 2010?**

Os acionistas da Toyota Caetano não fizeram investimentos nesta entidade durante o ano 2010. Pelo contrário, receberam dividendos no valor de 5.250.000 euros.

c. Como é que a Toyota Caetano aplicou, em 2010, os resultados líquidos gerados no ano 2009?

Cerca de metade dos resultados líquidos da Toyota Caetano gerados no ano 2009 foi distribuída aos seus acionistas no ano 2010. O restante foi transferido para outras reservas (5.129.409 euros).

6. Demonstração dos fluxos de caixa

a. Qual a informação proporcionada pela demonstração dos fluxos de caixa da Toyota Caetano?

A demonstração dos fluxos de caixa da Toyota Caetano apresenta os fluxos de caixa desta entidade que ocorreram durante o período de relato, classificados em função do tipo de atividade (operacionais, de investimentos e de financiamento).

b. Qual o valor e o significado dos fluxos de caixa das atividades operacionais, de investimento e de financiamento da Toyota Caetano no ano 2010?

Os fluxos de caixa das atividades operacionais, de investimento e de financiamento da Toyota Caetano no ano 2010 totalizam, respetivamente, 25.580.014 euros, (4.735.287) euros e (25.956.357) euros.

Esta entidade teve entradas de caixa líquidas relacionadas com as atividades operacionais, o que indica que as operações da entidade geram fluxos de caixa suficientes para pagar as mercadorias, matérias e serviços consumidos.

A Toyota Caetano realizou novos investimentos em ativos não correntes, principalmente ativos fixos tangíveis, pelo que o valor líquido dos fluxos de caixa das atividades de investimento é negativo. Esta entidade diminuiu significativamente os seus empréstimos bancários de curto prazo, pelo que o valor líquido dos fluxos de caixa das atividades de financiamento também é negativo.

c. Quais os principais fluxos de caixa das atividades operacionais da Toyota Caetano?

Os principais fluxos de caixa das atividades operacionais são recebimentos de clientes, pagamentos a fornecedores e pagamentos ao pessoal.

7. Notas

a. Qual a informação proporcionada pelas notas da Toyota Caetano?

As notas da Toyota Caetano proporcionam um conjunto de informação complementar e de informação adicional àquela que é apresentada nas restantes demonstrações financeiras desta entidade.

b. Quais as empresas que constituem o grupo Toyota Caetano em 31.12.2010?

Pela consulta da nota 4, conclui-se que as empresas que constituem o grupo Toyota Caetano são as seguintes:

- Toyota Caetano Portugal, S.A. (Empresa-mãe)

- Saltano – Investimentos e Gestão, S.G.P.S., S.A.

-- Caetano Components, S.A.

- Caetano Renting, S.A.

- Caetano – Auto, S.A.

- Caetano Retail (Norte) II, S.G.P.S., S.A.

- Auto Partner - Comércio de Automóveis, S.A.

- Caetano Colisão (Norte), S.A.

- Movicargo – Movimentação Industrial, Lda.

c. Qual o valor das matérias-primas, das mercadorias e dos produtos acabados e intermédios detidos pela Toyota Caetano em 31.12.2010?

Pela consulta da nota 11, conclui-se que os valores são os seguintes:

- Matérias-primas: 9.398.703 euros.

- Mercadorias: 49.655.887 euros.

- Produtos acabados e intermédios: 3.869.884 euros.

d. Qual a proporção das vendas e prestação de serviços da Toyota Caetano para o mercado interno no ano 2010? Qual o valor das vendas de veículos neste mesmo ano?

Pela consulta da nota 33, conclui-se que os valores são os seguintes:

- Proporção das vendas e prestações de serviços para o mercado interno: 93,7%.

- Vendas de veículos: 335.675.555 euros.

3. Demonstração da posição financeira

CASO Portucel Soporcel

ENUNCIADO

Portucel Soporcel: a liderança no papel

O grupo Portucel Soporcel é estruturante para a economia nacional, tem um modelo de negócio verticalmente integrado – floresta, pasta de celulose, energia renovável e papel - alicerçado na investigação florestal, industrial e de produto, na inovação tecnológica e de processos e no desenvolvimento de produtos com uma proposta de valor diferenciada e reconhecida como tal pelo mercado global.

O grupo Portucel Soporcel é um dos três maiores exportadores de Portugal representando cerca de 3% das exportações nacionais de bens. Vende para 120 países nos 5 continentes, com destaque para a Europa e EUA. É líder europeu na produção de papéis finos de impressão e escrita não revestidos e 6º a nível mundial. É também o maior produtor europeu, e o 4º a nível mundial, de pasta branqueada de eucalipto. Em agosto de 2009 instalou, numa das suas fábricas, a maior e mais sofisticada máquina do mundo para a produção de papéis finos de escritório e para a indústria gráfica. Este grupo é também o maior produtor português de "energia verde" a partir de biomassa, uma fonte renovável de energia.

História

A génese do grupo Portucel Soporcel remonta aos anos 50 do século XX, quando uma equipa de técnicos da Companhia Portuguesa de Celulose de Cacia tornou possível que esta empresa fosse a primeira no mundo a produzir pasta branqueada de eucalipto ao sulfato.

Em 1976 foi constituída a Portucel EP como resultado do processo de nacionalização da indústria de celulose. Contudo, em 1995, foi novamente privatizada uma parte significativa do capital desta empresa.

Com o objetivo de reestruturar a indústria papeleira em Portugal, a Portucel adquiriu a Papéis Inapa, em 2000, e a Soporcel, em 2001. Estes movimentos estratégicos foram decisivos e deram origem ao grupo Portucel Soporcel que hoje dá cartas no mundo, sendo atualmente o primeiro produtor europeu e um dos maiores a nível mundial de pasta branca de eucalipto e primeiro produtor europeu de papéis finos não revestidos.

Em 2003, teve início a segunda fase do processo de privatização da Portucel e, em 2004, a Semapa, grupo de relevo de capital português, adquire a maioria do capital da Portucel. Já no âmbito desta nova etapa do seu desenvolvimento, o Grupo consolida a posição de liderança nos mercados internacionais através do investimento estruturante na nova fábrica de papel de Setúbal.

Nos últimos anos o Grupo realizou importantes investimentos em Portugal, que ascenderam a cerca de 1.000 milhões de euros, destacando-se esta nova unidade fabril e investimentos na área da energia que posicionam o Grupo como o maior produtor nacional de energia a partir de uma fonte renovável: a biomassa florestal.

Modelo de negócio

A competitividade do grupo Portucel Soporcel assenta num modelo de negócio cuja proposta de valor se encontra alicerçada na sustentabilidade do processo de inovação, traduzido, entre outros aspectos, na conceptualização e desenvolvimento de produtos *premium* e marcas próprias, que representam actualmente mais de 60% das vendas de produtos transformados em folhas (os produtos de maior valor acrescentado). O Grupo soube apostar na inovação e diferenciação dos seus produtos e soube valorizar as suas marcas a nível internacional através de investimentos em *branding* e marketing, quer ao nível da criação de notoriedade, quer ao nível dos estudos de mercado.

As marcas do grupo Portucel Soporcel são hoje um bom exemplo desta estratégia. A Navigator, provavelmente a marca portuguesa mais vendida mundialmente, é *best-seller* internacional no segmento *premium* de papéis de escritório.

Merece ainda destaque o investimento em unidades que são uma referência a nível internacional em termos de inovação, sofisticação tecnológica e eficiência.

Complexos industriais

O grupo Portucel Soporcel dedica-se à I&D aplicada à sua actividade, à produção de plantas florestais certificadas e à gestão responsável dos espaços florestais. Dedica-se também à produção de pasta de papel, de papel e de energia renovável através de três complexos industriais, em Setúbal, Figueira da Foz e Cacia, os quais são uma referência internacional em dimensão e sofisticação tecnológica.

O complexo industrial de Setúbal inclui três unidades industriais que funcionam de forma integrada: uma fábrica de pasta branqueada de eucalipto e duas fábricas de produção e transformação de papéis de impressão e escrita não revestidos (papel de escritório e para a indústria gráfica). Este complexo integra ainda uma central termoeléctrica a biomassa e uma central de cogeração de gás natural de ciclo combinado associada à nova fábrica de papel.

O complexo industrial da Figueira da Foz constitui uma das mais eficientes unidades fabris de pasta e papel da Europa. A operação da fábrica também se encontra integrada verticalmente, da floresta ao papel, que é transformado internamente em folhas para a indústria gráfica (grandes formatos) e para escritório (A4 e A3). Este complexo integra uma central de cogeração a biomassa.

O complexo industrial de Cacia dedica-se à produção de pasta de papel e insere-se no coração da maior mancha florestal de eucalipto do País. A proximidade da matéria-prima constitui um trunfo que esta unidade tem sabido capitalizar em termos de competitividade e valorização do seu produto. Este complexo integra igualmente uma central termoeléctrica a biomassa.

Floresta e biodiversidade

Um dos mais importantes pilares para a sustentabilidade da actividade do grupo Portucel Soporcel reside na gestão responsável da floresta. O Grupo encara a floresta como uma fonte de riqueza estratégica para o País, tendo em conta que as fileiras florestais constituem hoje o terceiro sector exportador nacional, com elevado valor ambiental e social.

O grupo Portucel Soporcel dispõe de um Instituto de Investigação Florestal próprio, líder mundial no melhoramento genético do *Eucalyptus globulus*. O Grupo acrescenta valor aos 120.000 hectares de floresta certificada que gere em Portugal, tendo sido a primeira entidade no país a usufruir da gestão florestal certificada simultaneamente pelos prestigiados sistemas FSC® (*Forest Stewardship Council*) e PEFC (*Programme for the Endorsement of Forest Certification*).

Fruto de um recente investimento na duplicação da capacidade de produção dos seus viveiros, dispõe dos maiores viveiros florestais da Europa, com uma capacidade anual de produção de cerca de 12 milhões de plantas certificadas de diversas espécies, que se destinam à renovação da floresta nacional.

Com uma política ativa de desenvolvimento e valorização da floresta nacional, é responsável pela produção anual do maior número de árvores certificadas em Portugal e assegura a gestão de um vasto património florestal, de Norte a Sul do País. O eucalipto ocupa 73% desta área, designadamente o *Eucalyptus globulus*, a espécie considerada mundialmente como a árvore de fibra ideal para papéis de alta qualidade.

Além da produção de eucalipto para abastecer as necessidades industriais, a intervenção florestal do Grupo também envolve um conjunto diversificado de atividades, que vão desde a caça, cortiça, vinha e mel às plantas ornamentais.

Neste quadro, a defesa da floresta contra incêndios é uma prioridade para o grupo Portucel Soporcel, que investe anualmente cerca de 3 milhões de euros na prevenção e apoio ao combate aos incêndios florestais, a maior contribuição privada de meios humanos, materiais e financeiros neste domínio.

Demonstração da posição financeira

A demonstração da posição financeira do grupo Portucel Soporcel representa a sua posição financeira no final de cada período de relato. Seguidamente apresenta-se a demonstração da posição financeira deste grupo empresarial no final de 2011, com o comparativo de 2010.

DEMONSTRAÇÃO DA POSIÇÃO FINANCEIRA CONSOLIDADA
Portucel Soporcel

Valores em euros	Notas	31/Dez/11	31/Dez/10
ATIVO			
Ativos não correntes			
Goodwill	15	376 756 384	376 756 384
Outros ativos intangíveis	16	2 776 759	94 486
Ativos fixos tangíveis	17	1 529 709 225	1 604 129 728
Ativos biológicos	18	110 769 306	110 502 616
Ativos financeiros disponíveis para venda	19	126 031	126 074
Investimentos em associadas	19	1 778 657	516 173
Ativos por impostos diferidos	26	46 271 758	22 963 945
		2 068 188 120	**2 115 089 406**
Ativos correntes			
Inventários	20	188 690 926	172 899 681
Valores a receber correntes	21	242 257 094	212 839 536
Estado	22	54 684 123	32 228 030
Caixa e equivalentes de caixa	29	267 431 715	133 958 910
		753 063 858	**551 926 157**
Ativo Total		**2 821 251 978**	**2 667 015 563**
CAPITAL PRÓPRIO E PASSIVO			
Capital e reservas			
Capital social	24	767 500 000	767 500 000
Ações próprias	24	-42 154 975	-26 787 706
Reservas de justo valor	25	-523 244	78 040
Reserva legal	25	57 546 582	47 005 845
Reservas de conversão cambial	25	-485 916	881 575
Resultados líquidos de exercícios anteriores	25	499 721 012	304 020 378
Resultado líquido exercício		196 331 389	210 588 080
		1 477 934 848	**1 303 286 212**
Interesses não controlados	13	220 660	216 755
		1 478 155 508	**1 303 502 967**
Passivos não correntes			
Passivos por impostos diferidos	26	193 236 695	164 998 958
Obrigações com pensões de reforma	27	16 682 785	13 713 756
Provisões	28	19 602 592	25 213 377
Passivos remunerados	29	566 813 031	729 696 907
Outros passivos	29	18 109 324	24 471 153
		814 444 427	**958 094 151**
Passivos correntes			
Passivos remunerados	29	164 085 292	91 250 000
Valores a pagar correntes	30	284 893 379	264 839 433
Estado	22	79 673 372	49 329 012
		528 652 043	**405 418 445**
Passivo total		**1 343 096 470**	**1 363 512 596**
Capital próprio e passivo total		**2 821 251 978**	**2 667 015 563**

POLÍTICAS CONTABILÍSTICAS

A Portucel Soporcel apresenta, nas Notas, as políticas contabilísticas utilizadas na preparação das suas demonstrações financeiras. Seguidamente destacam-se algumas das informações relativas aos critérios usados por esta entidade na mensuração dos seus ativos.

NOTAS ÀS DEMONSTRAÇÕES FINANCEIRAS

NOTA 1: Resumo das principais políticas contabilísticas

1.2.2. Associadas

"Associadas são todas as entidades sobre as quais o Grupo exerce influência significativa mas não possui controlo, geralmente com investimentos representado entre 20% a 50% dos direitos de voto. Os investimentos em associadas são contabilizados pelo método da equivalência patrimonial. (...)"

1.5. Ativos intangíveis

"Os ativos intangíveis encontram-se registados ao custo de aquisição deduzido de amortizações, pelo método das quotas constantes, durante um período que varia entre 3 e 5 anos, e anualmente para os direitos de emissão de CO_2, e de perdas por imparidade."

1.7. Ativos fixos tangíveis

"Os ativos fixos tangíveis adquiridos até Janeiro de 2004, data da transição, encontram-se registados pelo valor constante das demonstrações financeiras preparadas de acordo com os princípios contabilísticos geralmente aceites em Portugal a essa data, (...)"

"Os ativos fixos tangíveis adquiridos posteriormente à data de transição são apresentados ao seu custo de aquisição, deduzido de depreciações e perdas por imparidade. (...)"

1.9. Ativos biológicos

"Os ativos biológicos são mensurados ao justo valor, deduzido dos custos estimados de venda no momento da colheita. Os ativos biológicos do Grupo correspondem principalmente às florestas detidas para produção de madeira suscetível de incorporação no processo de fabrico de BEKP, incluindo ainda outras espécies, como o pinho e o sobro. (...)"

Poderá consultar informação adicional e visualizar vídeos sobre a Portucel Soporcel no *website* www.portucelsoporcel.com.

QUESTÕES:

1. **Elementos da demonstração da posição financeira**

   a. Identifique e defina os três principais elementos da demonstração da posição financeira da Portucel Soporcel.

   b. Qual a proporção do ativo que, no final de 2011, era financiada por capital próprio e por capital alheio?

   c. Qual a rendibilidade dos capitais próprios no ano 2011?

2. **Classificação e mensuração dos ativos e passivos**

   a. Os ativos e os passivos da Portucel Soporcel são apresentados na demonstração da posição financeira classificados em correntes e não correntes. Qual a diferença entre estas duas categorias de ativos e de passivos?

   b. Identifique os principais ativos correntes e não correntes assim como os passivos correntes e não correntes da Portucel Soporcel no final de 2011.

   c. Qual é, no final de 2011, a proporção dos ativos não correntes relativamente ao total do ativo? Comente comparando com a proporção noutras áreas de negócio.

d. Comente a capacidade da Portucel Soporcel para pagar as suas dívidas de curto prazo.

e. Admita, por hipótese, que a demonstração da posição financeira da Portucel Soporcel inclui, entre outros, os seguintes ativos não correntes. Classifique-os em ativos fixos tangíveis, ativos intangíveis, ativos biológicos e investimentos em associadas, apresentando a definição de cada um destes elementos.

ATIVOS
Fábrica da Figueira da Foz
Edifício de escritórios
Plantação de eucaliptos
Licenças de emissão de CO_2
Cães de guarda
Marca Navigator
Armazém de papel
Participação na Soporgen[4]

f. Quais os critérios utilizados pela Portucel Soporcel na mensuração destes ativos?

3. **Efeito das transações nos elementos da demonstração da posição financeira**

a. Admita, por hipótese, que a Portucel Soporcel pondera construir uma nova unidade industrial. Este investimento decorre das opções estratégicas delineadas para os próximos anos e vem garantir a capacidade de produção necessária para aumentar a posição desta entidade no mercado internacional. O custo desta

---

[4] Empresa que tem como atividade principal a produção de energia elétrica e vapor, que é vendido em exclusivo à Soporcel.

nova unidade estima-se em 500 milhões de euros. Para financiar este investimento, a administração pondera três cenários alternativos:

i. Aumento do capital no valor de 500 milhões de euros, realizado em dinheiro.

ii. Obtenção de um empréstimo bancário no valor de 500 milhões de euros, a reembolsar em vinte prestações anuais, senda a primeira no valor de 25 milhões de euros.

iii. Obtenção de um empréstimo bancário no valor de 500 milhões de euros, a reembolsar no prazo de um ano.

Discuta o efeito deste investimento e do respetivo financiamento na demonstração da posição financeira da Portucel Soporcel.

b. Comente a seguinte afirmação: o reconhecimento de um ativo terá sempre como contrapartida o reconhecimento de um elemento do capital próprio ou de um elemento do passivo.

RESOLUÇÃO

Portucel Soporcel: a liderança no papel

1. Elementos da demonstração da posição financeira

a. Identifique e defina os três principais elementos da demonstração da posição financeira da Portucel Soporcel.

Os três principais elementos da demonstração da posição financeira da Portucel Soporcel são os ativos, os passivos e os capitais próprios desta entidade.

Os ativos são os recursos controlados pela Portucel Soporcel em resultado de eventos passados e dos quais se espera que fluam benefícios económicos no futuro. Um exemplo de um ativo será uma equipamento industrial adquirido e detido pela entidade com vista a obter fluxos de caixa no futuro, na medida em sejam vendidos os produtos que são fabricados recorrendo a este equipamento.

Os passivos são as obrigações presentes da Portucel Soporcel resultantes de eventos passados, da liquidação das quais se espera que resulte uma saída de recursos que incorporam benefícios económicos. Um exemplo de um passivo será uma dívida a pagar a um fornecedor, cuja liquidação se espera que resulte na saída de recursos, usualmente uma quantia em dinheiro.

Os capitais próprios são o valor residual dos ativos da Portucel Soporcel após dedução de todos os seus passivos. Dito de outro modo, os capitais próprios representam o investimento efetuado pelos acionistas e os lucros gerados e reinvestidos na entidade.

b. Qual a proporção do ativo que, no final de 2011, era financiada por capital próprio e por capital alheio?

No final de 2011, cerca de 52% dos ativos da Portucel Soporcel era financiado por capital próprio, sendo os restantes 48% financiados por capital alheio (passivo). Parece existir, assim, algum equilíbrio na estrutura de financiamento desta empresa.

O rácio de autonomia financeira [capital próprio/ativo] é um importante indicador a ter em conta quando se pretende analisar o equilíbrio financeiro de uma entidade. Quanto menor for o rácio de autonomia financeira, maior será a dependência da entidade relativamente a financiadores externos e, consequentemente, maior será o risco associado à sua estrutura de financiamento.

c. Qual a rendibilidade dos capitais próprios no ano 2011?

A rendibilidade dos capitais próprios no ano 2011 corresponde a 15% [resultado líquido do período/capital próprio no início do período]. Este rácio mede o retorno do capital investido pelos acionistas.

2. Classificação e mensuração dos ativos e passivos

a. Os ativos e os passivos da Portucel Soporcel são apresentados na demonstração da posição financeira, classificados em correntes e não correntes. Qual a diferença entre estas duas categorias de ativos e de passivos?

Os ativos correntes são aqueles que a entidade espera que sejam realizados no decurso normal do seu ciclo operacional (ex: clientes), que sejam detidos para venda ou consumo no decurso normal do seu ciclo operacional (ex: matérias primas), que sejam detidos com o objetivo principal de venda no curto prazo (ex: ações detidas para venda), ou que sejam caixa ou seus equivalentes. Os restantes ativos serão classificados como não correntes (ex: ativos fixos tangíveis ou ativos intangíveis).

Os passivos correntes são aqueles que a entidade espera que sejam liquidados no decurso normal do ciclo seu operacional (ex: fornecedores) ou que sejam liquidados no prazo de doze meses após o fim do período de relato (ex: financiamento obtido a liquidar no prazo de doze meses). Os restantes passivos serão classificados como não correntes (ex: financiamento obtido a liquidar num prazo superior a doze meses).

b. Identifique os principais ativos correntes e não correntes assim como os passivos correntes e não correntes da Portucel Soporcel no final de 2011.

Principais ativos correntes: caixa e equivalentes a caixa, valores a receber correntes e inventários.

Principais ativos não correntes: ativos fixos tangíveis, *goodwill* e ativos biológicos.

Principais passivos correntes: valores a pagar correntes e passivos remunerados.

Principais passivos não correntes: passivos remunerados e passivos por impostos diferidos.

c. Qual é, no final de 2011, a proporção dos ativos não correntes relativamente ao total do ativo? Comente comparando com a proporção noutras áreas de negócio.

No final de 2011, os ativos não correntes da Portucel Soporcel correspondiam a 73% do total do ativo. Esta proporção é usual em empresas industriais que necessitam de investimentos significativos em ativos fixos tangíveis.

Em empresas que se dedicam a áreas de negócio pouco intensivas em capital fixo, nomeadamente prestadoras de serviços, a proporção de ativos não correntes é claramente inferior. Este é, por exemplo, o caso da Novabase, uma importante *software house* portuguesa. Nesta entidade, a proporção de ativos não correntes relativamente ao total do ativo é inferior a 30%.

d. Comente a capacidade da Portucel Soporcel para pagar as suas dívidas de curto prazo.

A capacidade de uma entidade para pagar as suas dívidas de curto prazo pode analisar-se comparando o valor dos ativos correntes com o valor dos passivos correntes.

A Portucel Soporcel apresenta, no final de 2011, ativos correntes no valor total de 753.063.858 euros. Estes ativos correspondem essencialmente a caixa e equivalente de caixa, dívidas a receber no curto prazo e inventários. A entidade espera que o valor destes ativos seja realizado no curto prazo ou, pelo menos, num prazo inferior a um ano.

A Portucel Soporcel apresenta também, no final de 2011, passivos correntes no valor total de 528.652.043 euros. Estes passivos correspondem a passivos remunerados e outros valores a pagar num prazo inferior a um ano.

O facto de os ativos correntes apresentarem um valor claramente superior aos dos passivos correntes sugere que esta entidade não terá dificuldades em liquidar as suas dívidas de curto prazo.

e. Admita, por hipótese, que a demonstração da posição financeira da Portucel Soporcel inclui, entre outros, os seguintes ativos não correntes. Classifique-os em ativos fixos tangíveis, ativos intangíveis, ativos biológicos e investimentos em associadas, apresentando a definição de cada um destes elementos.

ATIVOS NÃO CORRENTES	CLASSIFICAÇÃO	DEFINIÇÃO
Fábrica da Figueira da Foz	Ativos fixos tangíveis	Elementos tangíveis detidos para uso na produção ou fornecimento de bens ou serviços, para arrendamento a terceiros ou para fins administrativos, e que se espera que sejam usados durante mais do que um período.
Edifício de escritórios		
Cães de guarda		
Armazém de papel		
Licenças de emissão de CO2	Ativos intangíveis	Ativos não monetários identificáveis e sem substância física.
Marca Navigator		
Plantação de eucaliptos	Ativos biológicos	Animais ou plantas vivos relacionados com a atividade agrícola, entendida como a gestão por uma entidade da transformação biológica de ativos biológicos para venda, em produto agrícola, ou em ativos biológicos adicionais.
Participação na Soporgen	Investimentos em associadas	Investimentos em entidades sobre a qual o investidor tem influência significativa, i.e., em que o investidor tem o poder de participar nas decisões de política financeira e operacional, sem que chegue a ser controlo ou controlo conjunto dessas políticas.

f. **Quais os critérios utilizados pela Portucel Soporcel na mensuração destes ativos?**

A Nota 1 – Resumo das principais políticas contabilísticas – identifica os critérios utilizados pela Portucel Soporcel na mensuração dos seus ativos, os quais incluem o seguinte:

- **Ativos fixos tangíveis**: estes ativos são apresentados ao seu custo, deduzido das depreciações acumuladas e de quaisquer perdas por imparidade acumuladas (modelo do custo).

- **Ativos intangíveis**: estes ativos são apresentados ao seu custo, deduzido das amortizações acumuladas e de quaisquer perdas por imparidade acumuladas (modelo do custo).

- **Ativos biológicos**: estes ativos são apresentados ao justo valor deduzido dos custos estimados de venda no momento da colheita.

- **Investimentos em associadas:** estes ativos são apresentados ao seu custo, ajustado pelo valor correspondente à participação do grupo nas variações dos capitais próprios das associadas e pelos dividendos recebidos (método de equivalência patrimonial).

3. **Efeito das transações nos elementos da demonstração da posição financeira**

a. Admita, por hipótese, que a Portucel Soporcel pondera construir uma nova unidade industrial. Este investimento decorre das opções estratégicas delineadas para os próximos anos e vem garantir a capacidade de produção necessária para aumentar a posição desta entidade no mercado internacional. O custo desta nova unidade estima-se em 500 milhões de euros. Para financiar este investimento, a administração pondera três cenários alternativos. Discuta o efeito deste investimento e do respetivo financiamento na demonstração da posição financeira da Portucel Soporcel.

A construção da nova unidade industrial terá como efeito o reconhecimento de um ativo fixo tangível (AFT) e um aumento no total ativo desta entidade em 500 milhões de euros.

Contudo, cada um dos cenários de financiamento terá um efeito diferente no passivo e no capital próprio da entidade.

1º Cenário – aumento do capital no valor de 500 milhões de euros, realizado em dinheiro

Este cenário tem como consequência um aumento do capital próprio desta entidade. Os acionistas realizam o capital em dinheiro que, por sua vez, será usado para pagar as despesas de construção da nova unidade industrial. O efeito final desta operação na demonstração da posição financeira é o seguinte:

ATIVO		PASSIVO E CAPITAL PRÓPRIO		
Ativos não correntes		Passivos	Capital próprio	
AFT	+500	–	Capital	+500

O primeiro cenário é aquele que menos pressão exercerá sobre a tesouraria desta entidade, dado que o pagamento das despesas com a construção da nova unidade industrial é efetuado com recurso a financiamento direto dos seus acionistas.

Este cenário reforça a autonomia financeira da entidade (que aumenta de 0.52 para 0.60). Contudo, poderá conduzir a uma diminuição na rendibilidade dos capitais próprios no curto prazo. O aumento de 500 milhões de euros no capital próprio da entidade não irá possivelmente gerar, no imediato, uma remuneração equivalente à proporcionada atualmente pelo negócio da entidade (15% - vide resposta à questão 1c)).

2º Obtenção de um empréstimo bancário no valor de 500 milhões de euros, a reembolsar em vinte prestações anuais, senda a primeira no valor de 25 milhões de euros

Este cenário tem como consequência um aumento do passivo não corrente e do passivo corrente desta entidade. O banco entrega o dinheiro à entidade que, por sua vez, será usado para pagar as despesas de construção da nova unidade industrial. O efeito final desta operação na demonstração da posição financeira é o seguinte:

ATIVO		PASSIVO E CAPITAL PRÓPRIO		
Ativos não correntes		*Passivos não correntes*		*Capital próprio*
AFT	+500	Passivos remunerados	+475	–
		Passivos correntes		
		Passivos remunerados	+25	–

O segundo cenário não exercerá uma pressão significativa sobre a tesouraria desta entidade, dado que o pagamento das despesas com a construção da nova unidade industrial é efetuado com recurso a capital alheio a reembolsar no longo prazo. Contudo, esta opção tenderá a diminuir a autonomia financeira da entidade (de 0.52 para 0.45).

O arranque das atividades operacionais decorrentes da nova unidade industrial contribuirá para assegurar o desempenho financeiro do negócio e permitirá o reembolso gradual do financiamento, ao longo dos 20 anos. Este cenário garante algum equilíbrio entre o prazo de reembolso do empréstimo e a exploração da nova unidade fabril.

3º Cenário – Obtenção de um empréstimo bancário no valor de 500 milhões de euros, a reembolsar no prazo de um ano.

Este cenário tem como consequência um aumento do passivo corrente desta entidade. O banco entrega o dinheiro à entidade que, por sua vez, será usado para pagar as despesas de construção da nova unidade industrial. O efeito final desta operação na demonstração da posição financeira é o seguinte:

ATIVO		PASSIVO E CAPITAL PRÓPRIO		
Ativos não correntes		*Passivos correntes*		*Capital próprio*
AFT	+500	Passivos remunerados	+500	–

O terceiro cenário é aquele que maior pressão vai exercer sobre a tesouraria da empresa. A empresa ver-se-á confrontada com a necessidade de reembolsar o financiamento no prazo de um ano, quando a exploração do novo investimento estará certamente ainda numa fase de crescimento. O financiamento de ativos não correntes com passivos de natureza corrente provoca sempre um desequilíbrio da estrutura de financiamento da entidade.

b. Comente a seguinte afirmação: o reconhecimento de um ativo terá sempre como contrapartida o reconhecimento de um elemento do capital próprio ou de um elemento do passivo.

A afirmação está incorreta. O reconhecimento de um ativo pode ter qualquer uma das seguintes contrapartidas:

ATIVO	PASSIVO	CAPITAL PRÓPRIO
+		+
+	+	
+ e -		

sumol+compal
É da nossa natureza.

ENUNCIADO

SUMOL+COMPAL: marcas com história

A SUMOL+COMPAL é a entidade líder do sector das bebidas não alcoólicas em Portugal. É detentora ou representa algumas das marcas de produtos de grande consumo com maior notoriedade e preferência em Portugal, com quotas de mercado bastante fortes em refrigerantes com gás, em sumos, néctares e bebidas de fruta sem gás e em água sem e com gás, incluindo as aromatizadas.

História

A SUMOL+COMPAL nasceu como resultado da integração de duas empresas reconhecidas pela qualidade e naturalidade dos seus produtos que detinham duas marcas históricas nacionais, entre as mais conhecidas, preferidas e consumidas pelos portugueses: SUMOL e COMPAL. Cada uma destas empresas atuava no mercado há mais de 50 anos. A Sumolis (detentora da marca Sumol) teve origem numa pequena empresa denominada Refrigor que iniciou a atividade em 1945. A Compal nasceu em 1952.

Negócio

A SUMOL+COMPAL está estruturada em três unidades de negócio, águas e cervejas, nutrição e refrigerantes, e vende simultaneamente para o mercado nacional e para o mercado internacional.

A qualidade dos produtos, a capacidade de inovação e de diferenciação e as fortes ligações aos benefícios nutricionais fazem parte integrante da herança empresarial da empresa. A sua **missão** é ser uma empresa de referência nas bebidas de fruta e vegetais, consolidar a liderança nas bebidas não alcoólicas e desenvolver a melhor rede de distribuição ao canal Horeca, em Portugal, e alcançar posições de destaque em vegetais preparados, nalguns mercados.

As principais marcas desta empresa são a **Compal** e a **Sumol**, tendo ainda um portefólio alargado e completo de outras marcas próprias, como sejam, **B!, Um Bongo, Frize** e **Água Serra da Estrela**, e as marcas representadas **Pepsi, 7 Up, Guaraná Antárctica, Gatorade, Tagus e Estrella Damm**. Considera como base do seu negócio a gestão de marcas e a gestão de clientes.

A SUMOL+COMPAL tem, em Portugal, **quatro unidades industriais**, localizadas em Almeirim, Pombal, Gouveia e Vila Flor e uma, em Moçambique, na cidade de Boane a cerca de 30 km de Maputo. Emprega cerca de **1.400 pessoas** e tem uma carteira de quase **50 mil clientes diretos** com uma cobertura garantida pela maior rede de vendas direta neste sector de atividade, complementada por uma rede de distribuidores. Está presente em **68 Países.**

Demonstração da posição financeira

A demonstração da posição financeira da SUMOL+COMPAL representa a sua posição financeira no final de cada período de relato. Seguidamente apresenta-se a demonstração da posição financeira desta entidade no final de 2011, com o comparativo de 2010.

DEMONSTRAÇÃO DA POSIÇÃO FINANCEIRA CONSOLIDADA

SUMOL+COMPAL

euros

ATIVO	Notas	11/12/31	10/12/31
ATIVOS NÃO CORRENTES			
Goodwill	3, 4,e 37	113 453 853,72	113 453 853,72
Intangível	5 e 37	290 466 141,08	289 091 873,85
Tangível	6 e 37	75 735 032,28	81 684 942,44
Outros investimentos financeiros	7 e 37	63 212,84	63 212,84
Dívidas comerciais de longo prazo a receber	8	2 319 644,30	1 681 388,15
Ativos por impostos diferidos	3 e 31	4 565 818,00	7 566 455,29
TOTAL DO ATIVO NÃO CORRENTE		**486 603 702,22**	**493 541 726,29**
ATIVOS CORRENTES			
Inventários	9 e 37	30 105 004,86	30 004 156,63
Dívidas comerciais de curto prazo a receber	10	52 742 131,62	59 466 976,29
Ativos por impostos correntes	11	12 759 890,04	8 960 256,28
Outros ativos correntes	12	4 829 054,97	7 849 983,58
Caixa e equivalente a caixa	13	801 345,10	838 156,10
TOTAL DO ATIVO CORRENTE		**101 237 426,59**	**107 119 528,88**
TOTAL DO ATIVO		**587 841 128,81**	**600 661 255,17**

CAPITAL PRÓPRIO E PASSIVO	Notas	11/12/31	10/12/31
CAPITAL PRÓPRIO			
Acionistas da empresa mãe			
Capital	14	100 092 500,00	100 092 500,00
Ações próprias (valor nominal)	1 e 14	-3 186 213,00	-2 242 500,00
Ações próprias (descontos e prémios)		-372 449,88	-159 117,41
Excedentes de revalorização		17 009 759,53	17 124 033,48
Reservas legais		1 565 651,78	1 565 651,78
Outras reservas		40 749 686,63	41 076 658,40
Resultados retidos	3	-25 735 575,88	-32 787 812,49
Resultados líquido do período	3,14,37 e 38	6 117 012,29	9 470 036,03
		136 240 371,47	**134 139 449,79**
Interesses minoritários	15 e 37	-42 139,26	-119 731,97
TOTAL DO CAPITAL PRÓPRIO		**136 198 232,21**	**134 019 717,82**
PASSIVO			
PASSIVO NÃO CORRENTE			
Empréstimos de longo prazo	3, 16 e 17	188 828 447,78	238 039 928,32
Dívidas comerciais de longo prazo a pagar	17 e 18	10 513 458,41	7 932 363,61
Provisões	19	1 041 505,60	1 203 519,78
Passivos por impostos diferidos	3 e 31	71 355 974,00	72 080 999,67
TOTAL DO PASSIVO NÃO CORRENTE		**271 739 385,79**	**319 256 811,38**
PASSIVO CORRENTE			
Empréstimos de curto prazo	3, 17 e 20	35 855 757,02	19 726 868,05
Dívidas comerciais de curto prazo a pagar	17 e 21	47 577 216,82	36 704 741,96
Passivos por impostos diferidos	22	6 670 326,75	4 997 480,16
Outros passivos correntes	23	14 956 301,83	18 547 718,80
Outros passivos financeiros		380,00	
Equivalentes a caixa	3 e 13	74 843 528,39	67 407 917,00
TOTAL DO PASSIVO CORRENTE		**179 903 510,81**	**147 384 725,97**
TOTAL DO PASSIVO	37	**451 642 896,60**	**466 641 537,35**
TOTAL DO CAPITAL PRÓPRIO E PASSIVO		**587 841 128,81**	**600 661 255,17**

Poderá consultar informação adicional e visualizar vídeos sobre a SUMOL+COMPAL no *website* www.sumolcompal.pt.

QUESTÕES:

1. **Elementos da demonstração da posição financeira**

   a. Identifique os principais ativos correntes e não correntes da SUMOL+COMPAL e discuta eventuais exemplos destes elementos.

   b. Qual era, no final de 2011, o peso dos ativos intangíveis, incluindo o *goodwill*, no total dos ativos não correntes da SUMOL+COMPAL? Comente.

   c. Qual a proporção dos ativos da SUMOL+COMPAL que, no final de 2011, era financiada por empréstimos bancários?

   d. .Admita, por hipótese, que a demonstração da posição financeira da SUMOL+COMPAL inclui, entre outros, os seguintes elementos. Classifique-os em ativos correntes, ativos não correntes, passivos correntes e passivos não correntes.

ATIVOS E PASSIVOS
Fábricas
Terrenos
Dinheiro depositado em bancos
Armazém de matérias e produtos
Goiabas colhidas de uma plantação no Brasil
Empilhadores
Empréstimos bancários a reembolsar num prazo inferior a um ano
Direito de exploração de uma fazenda de chá no Sri Lanka
Laranjas e romãs em armazém
Dividendos a pagar aos acionistas

ATIVOS E PASSIVOS
Mobiliário de escritório
Dívidas de clientes
Linhas de produção de sumos
IRC a pagar ao Estado
Direitos de representação da marca Pepsi no mercado português
Computadores
Sumos em armazém aptos a vender
Software para gestão de clientes
Marcas adquiridas
Dívidas a fornecedores de fruta
Bebidas em processo de produção
Empréstimos bancários a reembolsar num prazo superior a um ano

2. Efeito das transações nos elementos da demonstração da posição financeira

a. Admita, por hipótese, que durante o ano 2012 ocorreram, entre outras, as seguintes transações com impacto na demonstração da posição financeira da SUMOL+COMPAL (valores em Euros '000). Identifique o efeito de cada uma destas transações.

TRANSAÇÕES
Aumento do capital da entidade no valor de 50.000. Este capital foi integralmente realizado em dinheiro.
Obtenção de um empréstimo bancário no valor total de 60.000, a reembolsar em cinco prestações anuais e iguais, com início em 2013.
Compra de um novo equipamento de produção que permite manter integralmente o valor nutritivo da fruta fresca. Este equipamento custou 15.000 e será pago durante o ano 2013.
Compra de uma marca de sumos muito conceituada no mercado europeu, no valor de 20.000. Esta marca foi paga de imediato.

b. Admita, por hipótese, que você decide criar uma empresa para comercializar os sumos de fruta fresca da SUMOL+COMPAL no nordeste brasileiro. Escolhe o nome da empresa: **Fresh-fruit, SA.** Antes de iniciar as atividades *operacionais*, tem que obter *financiamento* e tem que efetuar algum *investimento*. Admita que, numa primeira fase, ocorrem, entre outras, as seguintes transações (valores em Euros '000).

TRANSAÇÕES
Constituição da **Fresh Fruit** com um capital de 15.000, representado por 200.000 ações. Este capital foi integralmente realizado em dinheiro.
Compra de armazéns e equipamento administrativo por 12.000. A compra foi efetuada a pronto pagamento.
Compra de equipamento de transporte por 5.000. Compra a crédito, a pagar dois anos depois.
Compra de software no valor de 3.000, a pagar de imediato.
Obtenção de um financiamento bancário no valor de 8.000 a pagar em prestações anuais, sendo a primeira no valor de 2.000.
Compra de uma participação financeira numa importante cadeia de supermercados do nordeste brasileiro. A compra efetuou-se a pronto pagamento no valor de 4.500.

Prepare a demonstração da posição financeira desta nova entidade após cada transação, numa lógica de documentos sucessivos.

Na demonstração da posição financeira preparada após a quarta transação, o capital da **Fresh Fruit** é de 15.000 mas o valor de caixa e equivalentes a caixa é zero. Porquê? O que é que aconteceu ao dinheiro que os acionistas colocaram nesta entidade quando a constituíram?

A **Fresh Fruit** já efetuou, até ao momento, várias transações. Todavia, nenhuma destas transações teve impacto nos lucros ou prejuízos. Porquê?

RESOLUÇÃO

SUMOL+COMPAL: marcas com história

1. Elementos da demonstração da posição financeira

a. Identifique os principais ativos correntes e não correntes da SUMOL+COMPAL e discuta eventuais exemplos destes elementos.

Os principais ativos correntes da SUMOL+COMPAL são dívidas comerciais de curto prazo a receber e inventários. Os principais ativos não correntes são ativos intangíveis, *goodwill* e ativos fixos tangíveis.

As dívidas comerciais de curto prazo a receber incluem essencialmente dívidas a receber de clientes, nomeadamente armazenistas de bebidas, grossistas, retalhistas, hipermercados, supermercados, cafés, e pastelarias.

Os inventários incluem matérias-primas como, por exemplo, fruta fresca, e produtos acabados como, por exemplo, sumos ou refrigerantes.

Os ativos intangíveis incluem marcas adquiridas como, por exemplo, as marcas Compal, Um Bongo ou Frize, e direitos contratuais de representação em Portugal da Pepsi, 7 Up e Guaraná Antárctica.

Os ativos fixos tangíveis incluem, por exemplo, terrenos, edifícios, armazéns, linhas de produção, viaturas de transporte de produtos, viaturas ligeiras, equipamento informático e mobiliário de escritório.

b. Qual era, no final de 2011, o peso dos ativos intangíveis, incluindo o *goodwill*, no total dos ativos não correntes da SUMOL+COMPAL? Comente.

No final de 2011, os ativos intangíveis, incluindo *goodwill*, da SUMOL+COMPAL tinham um peso de cerca de 83% no total dos ativos não correntes. Esta entidade assume-se, assim, como uma empresa de gestão de um conjunto alargado de marcas de bebidas e de vegetais.

c. Qual a proporção dos ativos da SUMOL+COMPAL que, no final de 2011, era financiada por empréstimos bancários?

No final de 2011, cerca de 38% dos ativos da SUMOL+COMPAL eram financiados por empréstimos bancários, de longo prazo e de curto prazo.

d. Admita, por hipótese, que a demonstração da posição financeira da SUMOL+COMPAL inclui, entre outros, os seguintes elementos. Classifique-os em ativos correntes, ativos não correntes, passivos correntes e passivos não correntes.

	ATIVOS		PASSIVOS	
	Correntes	*Não correntes*	*Correntes*	*Não correntes*
Fábricas		X		
Terrenos		X		
Dinheiro depositado em bancos	X			
Armazém de matérias e produtos		X		
Goiabas colhidas de uma plantação no Brasil	X			
Empilhadores		X		
Empréstimos bancários a reembolsar num prazo inferior a um ano			X	
Direito de exploração de uma fazenda de chá no Sri Lanka		X		
Laranjas e romãs em armazém	X			
Dividendos a pagar aos acionistas			X	
Mobiliário de escritório		X		
Dívidas de clientes	X			
Linhas de produção de sumos		X		
IRC a pagar ao Estado			X	
Direitos de representação da marca Pepsi para o mercado português		X		
Computadores		X		
Sumos em armazém aptos a vender	X			
Software para gestão de clientes		X		
Marcas adquiridas		X		
Dívidas a fornecedores de fruta			X	
Bebidas em processo de produção	X			
Empréstimos bancários a reembolsar num prazo superior a um ano				X

2. Efeito das transações nos elementos da demonstração da posição financeira

a. Admita, por hipótese, que durante o ano 2012 ocorreram, entre outras, as seguintes transações com impacto na demonstração da posição financeira da SUMOL+COMPAL (valores em Euros '000). Identifique o efeito de cada uma destas transações.

Aumento do capital da entidade no valor de 50.000. Este capital foi integralmente realizado em dinheiro.

ATIVO		PASSIVO E CAPITAL PRÓPRIO			
Ativos correntes		*Passivos*		*Capital próprio*	
Caixa	+50.000	–		Capital	+50.000

Obtenção de um empréstimo bancário no valor total de 60.000, a reembolsar em cinco prestações anuais e iguais, com início em 2013.

ATIVO		PASSIVO E CAPITAL PRÓPRIO			
Ativos correntes		*Passivos não correntes*		*Capital próprio*
Caixa	+60.000	Empréstimos de longo prazo	+48.000	–
		Passivos correntes		
		Empréstimos de curto prazo	+12.000	–

Compra de um novo equipamento de produção que permite manter integralmente o valor nutritivo da fruta fresca. Este equipamento custou 15.000, e será pago durante o ano 2013.

ATIVO		PASSIVO E CAPITAL PRÓPRIO			
Ativos não correntes		*Passivos correntes*		*Capital próprio*
Tangível	+15.000	Outros passivos correntes	+15.000	–

Compra de uma marca de sumos muito conceituada no mercado europeu, no valor de 20.000. Esta marca foi paga de imediato.

ATIVO		PASSIVO E CAPITAL PRÓPRIO	
Ativos não correntes		*Passivos*	*Capital próprio*
Intangível	+20.000	–	–
Caixa	-20.000	–	–

b. Admita, por hipótese, que você decide criar uma empresa para comercializar os sumos de fruta fresca da SUMOL+COMPAL no nordeste brasileiro. Escolhe o nome da empresa: Fresh-fruit, SA. Antes de iniciar as atividades *operacionais*, tem que obter *financiamento* e tem que efetuar algum *investimento*. Admita que, numa primeira fase, ocorrem, entre outras, as seguintes transações. Prepare a demonstração da posição financeira desta nova entidade após cada transação, numa lógica de documentos sucessivos.

DEMONSTRAÇÃO DA POSIÇÃO FINANCEIRA – FRESH FRUIT

Euros '000

ATIVO	DPF antes da Op 1	Op 1	DPF após Op 1	Op 2	DPF após Op 2	Op 3	DPF após Op 3	Op 4	DPF após Op 4	Op 5	DPF após Op 5	Op 6	DPF após Op 6
ATIVOS NÃO CORRENTES													
Intangível								3 000	3 000		3 000		3 000
Tangível				12 000	12 000	5 000	17 000		17 000		17 000		17 000
Investimentos financeiros												4 500	4 500
Dívidas comerciais de longo prazo a receber													
TOTAL DO ATIVO NÃO CORRENTE	0	0	0	12 000	12 000	5 000	17 000	3 000	20 000	0	20 000	4 500	24 500
ATIVOS CORRENTES													
Inventários													
Ativos por impostos correntes													
Outros ativos correntes													
Caixa e equivalente a caixa		15 000	15 000	-12 000	3 000		3 000	-3 000	0	8 000	8 000	-4 500	3 500
TOTAL DO ATIVO CORRENTE	0	15 000	15 000	-12 000	3 000	0	3 000	-3 000	0	8 000	8 000	-4 500	3 500
TOTAL DO ATIVO	0	15 000	15 000	0	15 000	5 000	20 000	0	20 000	8 000	28 000	0	28 000
CAPITAL PRÓPRIO E PASSIVO													
CAPITAL PRÓPRIO													
Acionistas da empresa mãe													
Capital		15 000	15 000		15 000		15 000		15 000		15 000		15 000
Resultados retidos													
Resultados líquido do período													
Interesses minoritários													
TOTAL DO CAPITAL PRÓPRIO	0	15 000	15 000	0	15 000	0	15 000	0	15 000	0	15 000	0	15 000
PASSIVO													
PASSIVO NÃO CORRENTE													
Empréstimos de longo prazo										6 000	6 000		6 000
Dívidas comerciais de longo prazo a pagar						5 000	5 000		5 000		5 000		5 000
TOTAL DO PASSIVO NÃO CORRENTE	0	0	0	0	0	5 000	5 000	0	5 000	6 000	11 000	0	11 000
PASSIVO CORRENTE													
Empréstimos de curto prazo										2 000	2 000		2 000
Dívidas comerciais de curto prazo a pagar													
Outros passivos correntes													
TOTAL DO PASSIVO CORRENTE	0	0	0	0	0	0	0	0	0	2 000	2 000	0	2 000
TOTAL DO PASSIVO	0	0	0	0	0	5 000	5 000	0	5 000	8 000	13 000	0	13 000
TOTAL DO CAPITAL PRÓPRIO E PASSIVO	0	15 000	15 000	0	15 000	5 000	20 000	0	20 000	8 000	28 000	0	28 000

Na demonstração da posição financeira preparada após a quarta transação, o capital da Fresh Fruit é de 15.000 mas o valor de caixa e equivalentes a caixa é zero. Porquê? O que é que aconteceu ao dinheiro que os acionistas colocaram nesta entidade quando a constituíram?

O valor apresentado no capital próprio (como capital) não é sinónimo de dinheiro em caixa ou equivalentes a caixa. O dinheiro com que os acionistas contribuíram para a constituição da entidade foi usado para adquirir recursos, v.g., ativos fixos tangíveis e ativos intangíveis.

A Fresh Fruit já efetuou, até ao momento, várias transações. Todavia, nenhuma destas transações teve impacto nos lucros ou prejuízos. Porquê?

Nenhuma das atividades desenvolvidas até ao momento pela Fresh Fruit teve impacto nos lucros ou prejuízos porque esta entidade ainda não começou a desenvolver atividades geradoras de réditos. A entidade desenvolveu um conjunto de atividades de financiamento e de investimento, mas ainda não iniciou atividades de natureza operacional e, por consequência, ainda não suportou gastos nem gerou rendimentos.

4. Demonstração do rendimento integral

ENUNCIADO

Corticeira Amorim: a liderança na cortiça

A Corticeira Amorim é o maior grupo mundial de produtos de cortiça e um dos mais internacionais de todos os grupos empresariais portugueses, com operações em dezenas de países, de todos os continentes. Há mais de um século que está presente neste sector de actividade, tendo contribuído decisivamente para a divulgação da cortiça a nível mundial.

História

O nascimento da Corticeira Amorim remonta a 1870 com a fundação de uma pequena fábrica de rolhas de cortiça, no cais de Vila Nova de Gaia, destinadas à indústria vinícola. No início dos anos 30, esta fábrica, fundada por António Alves de Amorim, assume-se como a maior fábrica de rolhas do Norte de Portugal, contando nessa altura com 150 operários. Em 1930, a Corticeira Amorim já exportava para o Japão, Alemanha, Estados Unidos, França, Brasil, Inglaterra, Holanda, Bélgica e Suécia, assumindo-se claramente como uma organização à escala mundial.

Passada a II Grande Guerra, a gestão da empresa fica a cargo da terceira geração da Família Amorim, constituída por quatro irmãos: José, António, Américo e Joaquim Ferreira de Amorim. No início dos anos 60, Portugal destaca-se como maior produtor mundial de cortiça. Contudo, a atividade da Corticeira Amorim baseava-se essencialmente na exportação deste recurso sem o sujeitar a grande transformação.

Os irmãos Amorim iniciam, em 1963, o processo de integração vertical da indústria da cortiça, com a criação de uma unidade industrial vocacionada para a produção de granulados e aglomerados de cortiça, com o objectivo inicial de aproveitar os 70% de desperdícios que a empresa gerava com a fabricação de rolhas, transformá-los em grânulos e estes em aglomerados puros e compostos, com os quais passou a ser possível produzir um conjunto de novas aplicações em cortiça.

Em 1988, assiste-se a um novo marco na história da Corticeira Amorim, com o lançamento de uma oferta pública de venda de acções representativas do seu capital na Bolsa de Valores de Lisboa. Contudo, apesar da abertura do seu capital ao público em geral, a Corticeira Amorim continua a ser controlada pela Família Amorim, o seu principal acionista.

Atualmente, a Corticeira Amorim dedica-se à fabricação de uma vasto leque de produtos, que vão desde os produtos de cortiça tradicionais, como as rolhas de cortiça ou os revestimentos, até um conjunto de outras aplicações da cortiça, passando também pela participação em projetos de vanguarda em diversas indústrias. É o caso dos projetos desenvolvidos para a indústria aeroespacial com a Agência Espacial Europeia e com a *European Aeronautic Defence and Space Company*.

Unidades de negócios

As atividades da Corticeira Amorim estão organizadas em 5 unidades de negócio:

Matéria-Prima, que compreende a compra, armazenamento e preparação da cortiça, matéria-prima utilizada nas restantes unidades de negócio;

Rolhas, que compreende a produção de rolhas de cortiça para venda à indústria vinícola;

Revestimentos, que compreende a produção de revestimentos de cortiça e de cortiça com madeira como, por exemplo, o *parquet* em madeira;

Aglomerados Compósitos, que compreende a produção de compósitos com aplicações em inúmeros sectores industriais; e

Isolamentos, que compreende a produção de materiais utilizados em isolamento térmico e acústico.

Demonstração da posição financeira

A demonstração da posição financeira da Corticeira Amorim apresenta a posição financeira desta entidade no fim do período de relato. Seguidamente apresentam-se alguns elementos retirados da demonstração da posição financeira deste grupo empresarial no final de 2011, como o comparativo de 2010.

milhares de euros

ELEMENTOS	2011	2010
Total do ativo	**605.053**	**561.766**
Ativo não corrente	207.869	206.973
Ativo corrente	397.183	354.793
Total do passivo	322.761	293.221
Passivo não corrente	97.792	35.938
Passivo corrente	226.969	257.283
Total do capital próprio	**282.292**	**268.545**

Os principais ativos da Corticeira Amorim são ativos fixos tangíveis, clientes e inventários. A matéria-prima cortiça tem um peso significativo no total do ativo desta entidade (20%). Mais de metade do ativo da Corticeira Amorim é financiado por capitais próprios e por passivo não corrente, o que denota existir equilíbrio na sua estrutura de financiamento.

Demonstração dos resultados por natureza

A demonstração dos resultados por natureza da Corticeira Amorim apresenta os seus rendimentos e os seus gastos, classificados por natureza, relativos ao período de relato. Seguidamente apresenta-se a demonstração dos resultados por natureza da Corticeira Amorim referente a 2011.

Corticeira Amorim

milhares de euros

	Notas	12M11	12M10
Vendas	VII	494 842	456 790
Custo das mercadorias vendidas e das matérias consumidas		243 123	221 777
Variação da produção		3 288	1 817
Margem Bruta		**255 007**	**236 830**
		51,2%	51,6%
Fornecimentos e serviços externos	XXIII	86 602	78 320
Custos com pessoal	XIV	93 751	90 712
Ajustamentos de imparidades de ativos	XXV	1 872	2 140
Outros rendimentos e ganhos	XXVI	7 502	6 860
Outros gastos e perdas	XXVI	7 846	6 512
Cash Flow operacional corrente (EBITDA corrente)		**72 437**	**66 006**
Depreciações	VII	21 060	20 867
Resultados operacionais correntes (EBIT corrente)		**51 378**	**45 139**
Gastos não recorrentes	XXIV e XXV	5 792	5 110
Custos financeiros líquidos	XXVII	-5 515	-4 164
Ganhos (perdas) em associadas	X	91	350
Resultados antes de impostos		**40 162**	**36 215**
Imposto sobre os resultados	XIV	13 747	14 461
Resultados após impostos		**26 415**	**21 753**
Interesses que não controlam	XVIII	1 141	1 218
Resultado líquido atribuível aos acionistas da CORTICEIRA AMORIM		**25 274**	**20 535**
Resultado por ação - básico e diluído (euros por ação)	XXXIII	**0,200**	**0,162**

Demonstração dos resultados por funções

A demonstração dos resultados por funções da Corticeira Amorim apresenta os seus rendimentos e os seus gastos, classificados por funções, relativos ao período de relato. Apresenta-se de seguida a demonstração de resultados por funções da Corticeira Amorim referente a 2011.

Corticeira Amorim

milhares de euros

	12M11	12M10
Vendas	494 842	456 790
Custo das mercadorias vendidas e das matérias consumidas	327 677	302 512
Margem Bruta	**167 165**	**154 278**
Custos de *marketing* e vendas	50 765	49 303
Custos de distribuição	16 380	15 269
Custos das áreas de suporte e outros	48 642	44 567
Resultados operacionais (EBIT corrente)	**51 378**	**45 139**
Gastos não recorrentes	5 792	5 110
Custos financeiros líquidos	-5 515	-4 164
Ganhos (perdas) em associadas	91	350
Resultados antes de impostos	**40 162**	**36 215**
Imposto sobre os resultados	13 747	14 461
Resultados após impostos	**26 415**	**21 753**
Interesses que não controlam	1 141	1 218
Resultado líquido atribuível aos acionistas da CORTICEIRA AMORIM	**25 274**	**20 535**
Resultado por ação - básico e diluído (euros por ação)	**0,200**	**0,162**

Demonstração do (outro) rendimento integral

A demonstração do outro rendimento integral da Corticeira Amorim incorpora, para além do resultado líquido do período, outros rendimentos e ganhos reconhecidos directamente no capital próprio. Seguidamente apresenta-se a demonstração do rendimento integral desta entidade referente a 2011.

Corticeira Amorim

milhares de euros

	12M11	12M10
Resultado Líquido consolidado do período (antes de Interesses Minoritários)	**26 415**	**21 753**
Variação do justo valor dos instrumentos financeiros derivados	153	-200
Variação das diferenças de conversão cambial e outras	124	1 233
Rendimento reconhecido diretamente no Capital Próprio	**277**	**1 033**
Total dos rendimentos e gastos reconhecidos no período	**26 692**	**22 786**
Atribuível a:		
Acionistas da CORTICEIRA AMORIM	26 060	20 699
Interesses Minoritários	632	2 087

Poderá consultar informação adicional e visualizar vídeos sobre a Corticeira Amorim no *website* www.corticeiraamorim.com.

QUESTÕES:

1. **Estrutura da demonstração do rendimento integral**

   a. Qual a opção adotada pela Corticeira Amorim para apresentar o rendimento integral?

   b. Qual a opção adotada pela Corticeira Amorim na classificação dos gastos suportados no período de relato?

2. **Elementos incluídos nos lucros ou prejuízos**

   a. Identifique e defina os dois elementos considerados na determinação dos lucros ou prejuízos da Corticeira Amorim.

b. Qual o peso do custo das mercadorias vendidas e matérias consumidas, dos gastos com pessoal e das depreciações no total dos gastos operacionais da Corticeira Amorim no ano 2011? Comente comparando com o peso noutras áreas de negócio.

c. Comente a seguinte afirmação: o valor dos inventários de produtos acabados e intermédios da Corticeira Amorim no final de 2011 é superior ao valor detido no final de 2010.

d. Admita, por hipótese, que os gastos operacionais da Corticeira Amorim incluem, entre outros, os seguintes elementos. Classifique-os em fornecimentos e serviços externos, custo das mercadorias vendidas e matérias consumidas e gastos com pessoal:

GASTOS OPERACIONAIS
Renda de um armazém de produtos acabados usado pela entidade
Consumo de fuel e combustíveis diversos
Remunerações dos colaboradores
Encargos sociais suportados pela entidade
Serviços de consultoria para definição de um novo sistema de custeio
Consumo de electricidade na fábrica e nas instalações administrativas
Consumo de cortiça (para produção de rolhas)
Consumo de madeiras para produção dos parquets
Serviços jurídicos
Consumo de cola (no processo de aglomeração)
Prémios de desempenho processados aos colaboradores
Telecomunicações

e. Qual o peso dos gastos de distribuição e dos gastos de marketing e vendas no total dos gastos operacionais da Corticeira Amorim no ano 2011.

f. Determine e comente a rentabilidade do ativo e a rentabilidade dos capitais próprios da Corticeira Amorim no ano 2011.

3. Elementos incluídos no outro rendimento integral

a. Quais os elementos incluídos no outro rendimento integral da Corticeira Amorim no ano 2011?

b. Identifique outros elementos que poderiam estar incluídos no outro rendimento integral?

c. Qual o impacto do outro rendimento integral no desempenho financeiro da Corticeira Amorim no ano 2011?

d. Na demonstração da posição financeira, onde se encontra reflectido o outro rendimento integral?

4. Efeito das transações na demonstração do rendimento integral

a. Admita, por hipótese, que a Corticeira Amorim pondera expandir a sua atividade comercial para um novo mercado geográfico. Para tal, precisará de fazer investimentos em estruturas comerciais especificas para esse mercado. As previsões efetuadas para este negócio apontam para o seguinte:

Vendas no novo mercado:	30 milhões de euros
Gastos variáveis com as vendas:	60%
Gastos fixos (estrutura comercial)	10 milhões de euros

Identifique o impacto que a expansão do negócio para este novo mercado teria sobre o resultado operacional da Corticeira Amorim.

b. Admita, por hipótese, que a expansão da atividade comercial da Corticeira Amorim exige a realização de um investimento em ativos não correntes (instalações, marcas e equipamentos) no valor de 100 milhões de euros. De acordo com as previsões, este investimento será financiado do seguinte modo:

Empréstimos bancários	60% do investimento
Financiamentos dos acionistas	40% do investimento

Considerando que o empréstimo bancário será remunerado a uma taxa de juro anual de 4%, identifique o impacto da estrutura de financiamento desta expansão do negócio no resultado líquido da entidade. Determine a rentabilidade do ativo e a rentabilidade do capital próprio associadas a este investimento.

c. Sugira possíveis iniciativas, quer de negócio quer ao nível da estrutura de financiamento, que permitisse à Corticeira Amorim apresentar um resultado mais equilibrado para este projeto de expansão.

RESOLUÇÃO

Corticeira Amorim: a liderança na cortiça

1. Estrutura da demonstração do rendimento integral

a. Qual a opção adotada pela Corticeira Amorim para apresentar o rendimento integral?

As empresas podem apresentar o seu rendimento integral usando uma das seguintes estruturas: uma única demonstração do rendimento integral ou duas demonstrações financeiras diferentes (demonstração dos resultados e demonstração do outro rendimento integral).

A Corticeira Amorim optou por apresentar duas demonstrações financeiras, uma que evidencia os rendimentos e os gastos reconhecidos em lucros ou prejuízos (demonstração dos resultados) e outra que apresenta o total dos lucros ou prejuízos e os rendimentos e gastos reconhecidos diretamente no capital próprio sem afetar os lucros ou prejuízos (demonstração do outro rendimento integral).

b. Qual a opção adotada pela Corticeira Amorim na classificação dos gastos suportados no período de relato?

As empresas podem apresentar os gastos suportados no período classificados de acordo com a sua natureza ou de acordo com as funções da empresa. A Corticeira Amorim decidiu apresentar ambas as classificações pelo que o seu conjunto de demonstrações financeiras inclui uma demonstração dos resultados por natureza e também uma demonstração dos resultados por funções.

2. Elementos incluídos nos lucros ou prejuízos

a. Identifique e defina os dois elementos considerados na determinação dos lucros ou prejuízos da Corticeira Amorim.

Os dois elementos considerados na determinação dos lucros ou prejuízos da Corticeira Amorim são os rendimentos e os gastos.

Os rendimentos são aumentos nos benefícios económicos durante o período contabilístico na forma de obtenção ou melhorias de ativos ou diminuições de passivos que resultem em aumentos do capital próprio, que não sejam os relacionados com as contribuições dos detentores do capital da entidade.

A demonstração dos resultados de 2011 da Corticeira Amorim apresenta vendas no valor de 494.842 mil euros, sendo este o rendimento mais significativo desta entidade. Este rendimento é também designado por rédito das vendas por decorrer do decurso normal das atividades ordinárias da entidade. Os rendimentos que não provêm da atividade normal da designam-se por ganhos (vg. ganhos obtidos com a venda de um equipamento industrial).

Os gastos são diminuições nos benefícios económicos durante o período contabilístico na forma de utilização ou de redução de ativos ou da contração de passivos que resultem em diminuições no capital próprio, que não mas sejam as relacionados com as distribuições aos detentores do capital da entidade.

Os gastos estão usualmente associados às atividades ordinárias da entidade (vg. gastos com pessoal, consumo de matérias primas ou os serviços contratados). Contudo, podem existir gastos que não decorrem das atividades ordinárias da entidade, usualmente designados por perdas (vg. perdas resultantes de um incêndio).

b. Qual o peso do custo das mercadorias vendidas e matérias consumidas, dos gastos com pessoal e das depreciações no total dos gastos operacionais da Corticeira Amorim no ano 2011? Comente comparando com o peso noutras áreas de negócio.

A demonstração dos resultados por natureza da Corticeira Amorim apresenta os gastos desta entidade classificados de acordo com a sua natureza, incluindo, nomeadamente, o custo das mercadorias vendidas e matérias consumidas, os gastos com pessoal e as depreciações.

O custo das mercadorias vendidas e matérias consumidas pela Corticeira Amorim no ano 2011 corresponde a 54% dos gastos operacionais desta entidade (243.123/454.254).

Esta situação é usual em empresas que desenvolvem um negócio de natureza industrial. Em empresas comerciais (de serviços), o peso do custo das mercadorias vendidas e matérias consumidas tende a ser superior (inferior).

Os gastos com pessoal e as depreciações da Corticeira Amorim no ano 2011 apresentam, respetivamente, um peso de 21% e de 5% no total dos gastos operacionais desta entidade. A proporção das depreciações indica que o processo de fabricação da Corticeira Amorim é ainda baseado no recurso a mão de obra.

c. Comente a seguinte afirmação: o valor dos inventários de produtos acabados e intermédios da Corticeira Amorim no final de 2011 é superior ao valor detido no final de 2010.

A afirmação está correta. A demonstração dos resultados por natureza apresenta uma variação da produção no valor de 3.288 milhares de euros [*variação da produção = valor dos inventários de produtos acabados e intermédios no fim do período – valor dos inventários de produtos acabados e intermédios no início do período*].

d. Admita, por hipótese, que os gastos operacionais da Corticeira Amorim incluem, entre outros, os seguintes elementos. Classifique-os em fornecimentos e serviços externos (FSE), custo das mercadorias vendidas e matérias consumidas (CMVMC) e gastos com pessoal (G c/pessoal):

GASTOS OPERACIONAIS	CLASSIFICAÇÃO
Renda de um armazém de produtos acabados usado pela entidade	FSE
Consumo de fuel e combustíveis diversos	FSE
Remunerações dos colaboradores	G c/pessoal
Encargos sociais suportados pela entidade	G c/pessoal
Serviços de consultoria para definição de um novo sistema de custeio	FSE
Consumo de electricidade na fábrica e nas instalações administrativas	FSE
Consumo de cortiça (para produção de rolhas)	CMVMC
Consumo de madeiras para produção dos parquets	CMVMC
Serviços jurídicos	FSE
Consumo de cola (no processo de aglomeração)	CMVMC
Prémios de desempenho processados aos colaboradores	G c/pessoal
Telecomunicações	FSE

e. Qual o peso dos gastos de distribuição e dos gastos de marketing e vendas no total dos gastos operacionais da Corticeira Amorim no ano 2011.

A demonstração dos resultados por funções da Corticeira Amorim apresenta os gastos desta entidade classificados por funções, incluindo, nomeadamente, os gastos de distribuição e os gastos de marketing e vendas.

Os gastos de distribuição suportados pela Corticeira Amorim no ano 2011 correspondem a 4% dos gastos operacionais desta entidade (16.380/454.254). Os gastos de marketing e vendas têm um peso superior (11%).

f. Determine e comente a rentabilidade do ativo e a rentabilidade dos capitais próprios da Corticeira Amorim no ano 2011.

A rendibilidade do ativo no ano 2011 corresponde a 9% [resultado operacional do período/ativo no início do período]. Este rácio mede o desempenho da entidade independentemente da origem do seu capital (próprio ou alheio).

A rendibilidade dos capitais próprios no ano 2011 corresponde também a 9% [resultado líquido do período/capital próprio no início do período]. Este rácio mede o retorno do capital investido pelos acionistas.

3. Elementos incluídos no outro rendimento integral

a. Quais os elementos incluídos no outro rendimento integral da Corticeira Amorim no ano 2011?

O outro rendimento integral da Corticeira Amorim inclui os seguintes elementos:

– Variação do justo valor dos instrumentos financeiros derivados

– Variação das diferenças de conversão cambiais e outras

– Rendimento reconhecido diretamente no capital próprio

O outro rendimento integral inclui os rendimentos e os gastos não reconhecidos nos lucros ou prejuízos e, consequentemente, não apresentados na demonstração dos resultados.

b. Identifique outros elementos que poderiam estar incluídos no outro rendimento integral?

O outro rendimento integral poderia também incluir, por exemplo, os seguintes elementos:

– Excedente resultante da revalorização de ativos fixos tangíveis e de ativos intangíveis, que não se possa considerar uma reversão de uma perda por imparidade;

- Parte correspondente à participação da entidade detentora nos rendimentos e gastos reconhecidos em outro rendimento integral das entidades cuja participação é mensurada pelo método de equivalência patrimonial; ou

- Variação do justo valor de ativos financeiros classificados como ativos financeiros detidos para venda.

c. Qual o impacto do outro rendimento integral no desempenho financeiro da Corticeira Amorim no ano 2011?

A Corticeira Amorim apresenta, em 2011, um rendimento integral no valor total de 26.692 mil euros, para o que o outro rendimento integral contribuiu com 277 mil euros (2%).

d. Na demonstração da posição financeira, onde se encontra refletido o outro rendimento integral?

Na demonstração da posição financeira, o outro rendimento integral da Corticeira Amorim está refletido no capital próprio, na rubrica reservas e outras componentes do capital próprio.

4. Efeito das transações na demonstração do rendimento integral

a. Admita, por hipótese, que a Corticeira Amorim pondera expandir a sua atividade comercial para um novo mercado geográfico. Para tal, precisará de fazer investimentos em estruturas comerciais específicas para esse mercado. As previsões efetuadas para este negócio apontam para o seguinte:

Vendas no novo mercado:	30 milhões de euros
Gastos variáveis com as vendas:	60%
Gastos fixos (estrutura comercial)	10 milhões de euros

Identifique o impacto que a expansão do negócio para este novo mercado teria sobre o resultado operacional da Corticeira Amorim.

A expansão das atividades comerciais para o novo mercado resultará num acréscimo do resultado operacional no valor de 2 milhões de euros.

milhões de euros

	NOVO MERCADO
Aumento das vendas	30,00
Aumento dos gastos variáveis (60%)	-18,00
Aumento dos gastos fixos	-10,00
Aumento do resultado operacional	2,00

b. **A expansão da atividade comercial da Corticeira Amorim exige a realização de um investimento em ativos não correntes (instalações, marcas e equipamentos) no valor de 100 milhões de euros. De acordo com as previsões, este investimento será financiado do seguinte modo:**

Empréstimos bancários   **60% do investimento**
Financiamentos dos acionistas   **40% do investimento**

Considerando que o empréstimo bancário será remunerado a uma taxa de juro anual de 4%, identifique o impacto da estrutura de financiamento desta expansão do negócio no resultado líquido da entidade. Determine a rentabilidade do ativo e a rentabilidade do capital próprio associadas a este investimento.

A estrutura de financiamento indicada prevê que, do investimento global, 60 milhões de euros sejam financiados por entidades bancárias e os restantes 40 milhões pelos investidores da Corticeira Amorim.

O financiamento bancário terá associado um custo anual de 2,4 milhões de euros (60 x 4%), pelo que esta decisão de investimento, e respetivo financiamento, terá um impacto negativo no resultado líquido da entidade no valor de 0,4 milhões de euros

milhões de euros

	NOVO MERCADO
Aumento do resultado operacional	2,00
Aumento dos gastos de financiamento	(2,40)
Diminuição do resultado líquido	(0,40)

A rentabilidade do ativo associado a este investimento será de 2% (2 /100), não sendo assim suficiente para remunerar o financiamento bancário (4%).

A rentabilidade do capital próprio é negativa, (-0,4/40), o que significa que o investimento dos accionistas não será, neste primeiro ano, devidamente remunerado.

Contudo, os resultados apresentados referem-se ao primeiro ano de lançamento deste projeto de expansão. Pode, por isso, ser aceitável que os resultados deste período sejam desfavoráveis.

c. Sugira possíveis iniciativas, quer de negócio quer ao nível da estrutura de financiamento, que permitissem à Corticeira Amorim apresentar um resultado mais equilibrado para este projeto de expansão.

É possível apontar algumas iniciativas conducentes ao equilíbrio dos resultados deste projeto de investimento como, por exemplo:

- Definir objectivos de vendas mais ambiciosos em 20%, face às previsões iniciais. O impacto isolado deste esforço comercial seria o seguinte:

milhões de euros

	NOVO MERCADO
Vendas	36,00
Gastos variáveis (60%)	-21,60
Gastos fixos	-10,00
Resultado operacional	4,40
Gastos de financiamento	-2,40
Resultado líquido	2,00

Rentabilidade do ativo: 4,40% (4,4/100,0)
Rentabilidade do capital próprio: 3,33% (2,0/60,0)

O acréscimo das vendas permitiria um acréscimo do resultado operacional capaz de cobrir os gastos de financiamento, gerando ainda uma rendibilidade dos capitais próprios de 3,33%.

- Adotar outra estrutura de capital em que 60% do investimento seja financiado pelos acionistas e 40% pelas entidades bancárias. O impacto isolado desta iniciativa seria o seguinte:

milhões de euros

	NOVO MERCADO
Vendas	30,00
Gastos variáveis	-18,00
Gastos fixos	-10,00
Resultado operacional	2,00
Custos financeiros	-1,60
Resultado líquido	0,40

Rentabilidade do ativo:	2,00%
Rentabilidade do capital próprio:	0,67%

O maior peso dos capitais próprios reduz os gastos de financiamento, permitindo um maior equilíbrio dos resultados. Face ao cenário original, esta iniciativa permitirá obter uma rendibilidade dos capitais próprios positiva mas aquém da que resulta da iniciativa apresentada na primeira iniciativa.

- Adotar as duas iniciativas anteriores em simultâneo:

Acréscimos das vendas: 20%
Alteração da estrutura de capital: CP = 60%.

milhões de euros

	NOVO MERCADO
Vendas	36,00
Gastos variáveis (60%)	-21,60
Gastos fixos	-10,00
Resultado operacional	4,40
Custos financeiros	-1,60
Resultado líquido	2,80

Rentabilidade do ativo:	4,40%
Rentabilidade do capital próprio:	4,67%

Sendo possível de concretizar, este é o cenário que traduz o melhor desempenho financeiro do novo projecto. O resultado operacional remunera os recursos globais do projeto (os ativos) à taxa de 4,40% e, em simultâneo, a nova estrutura de capital induz uma poupança dos gastos de financiamento externo com o consequente incremento do resultado líquido.

Media Capital
Juntos, criamos o futuro

ENUNCIADO

Media Capital: entretenimento global

O Grupo Media Capital é o maior grupo do setor de media em Portugal. A sua atividade está estruturada em cinco áreas de negócio: televisão, produção audiovisual, rádio, música e entretenimento, e digital.

A sua estratégia de liderança assenta numa base de rentabilidade e independência e num compromisso com o desenvolvimento da informação, cultura e entretenimento em Portugal, tendo como referência os interesses e preferências dos espectadores, ouvintes, leitores e anunciantes.

História

O Grupo Media Capital nasceu em 1992, com a sua atividade assente na área de imprensa, com o jornal "O Independente". Alguns anos mais tarde, o Grupo expande a sua atividade para a rádio, com a aquisição das rádios Comercial e Nostalgia, e depois para a televisão, com a aquisição da TVI. Na viragem do milénio, o Grupo lançou a área digital com a criação do portal IOL, hoje o segundo maior portal nacional.

Entre 2001 e 2002, o Grupo assume o controlo do Grupo NBP. Com esta aquisição, consolida o negócio da televisão apostando na ficção portuguesa e reforçando o conteúdo televisivo da programação da TVI. Com a aquisição, em 2008, da Plural Entertainment, o Grupo passou a deter uma das maiores produtoras internacionais nas línguas portuguesa e espanhola, passando a adotar uma marca única – Plural.

A entrada em bolsa dá-se em 2004, marcando uma nova fase da vida desta empresa. Em 2005, o Grupo Prisa passou a ser o maior accionista com 33% do capital social, participação essa que entretanto aumentou até 94,69%, sendo atualmente de 84,69% (94,69% dos direitos de voto). Presente em 22 países, o Grupo Prisa é um dos principais grupos de comunicação, informação, educação e entretenimento em Espanha, Portugal e na América.

Áreas de Negócio

O Grupo Media Capital tem os seus negócios organizados nas seguintes áreas:

Televisão – Detém a TVI, líder incontestável de audiências desde 2005, ao qual se juntam o canal de notícias TVI24, o TVI Internacional, o TVI Ficção e, em breve, também o +TVI;

Produção audiovisual – A Plural Entertainement, reconhecida e premiada tanto a nível nacional como internacional, tendo ganho um Emmy para "Melhor Telenovela" em 2010. Adicionalmente, a Plural detém a EPC (empresa de construção de cenários, líder em Portugal) e a EMAV, empresa de meios audiovisuais;

Rádio – A MCR tem o mais alargado e diversificado portfólio de rádios em Portugal. Chegando diariamente a mais de 1.700 mil ouvintes, detém a rádio líder em audiências, a Rádio Comercial, a m80, CidadeFM, StarFM, SmoothFM, Vodafone FM e o portal de música online Cotonete;

Música e entretenimento – Unidade de négócio para as atividades relacionadas com conteúdos musicais (edição de música gravada, gestão de direitos de autor, realização de eventos musicais e agenciamento de artistas). A editora Farol é líder em música portuguesa e representante em Portugal do catálogo internacional da Warner Music International;

Digital – Para além de deter o segundo maior portal nacional (IOL) e sites de referência em áreas como o desporto, economia, entretenimento, sociedade ou compras coletivas as apps desenvolvidas pela

MCD têm excelentes resultados e forte reconhecimento no mercado. Os sites da TVI são líderes em canais de TV online.

Demonstração da posição financeira

A demonstração da posição financeira da Media Capital apresenta a posição financeira desta entidade no fim do período de relato. Seguidamente apresentam-se alguns elementos retirados da demonstração da posição financeira deste grupo empresarial no final de 2010, com o comparativo de 2009.

euros

ELEMENTOS	2010	2009
Total do ativo	406.814.134	437.590.502
Ativo não corrente	279.737.163	291.645.121
Ativo corrente	127.076.971	145.945.381
Total do passivo	277.684.124	303.379.124
Passivo não corrente	57.786.251	148.404.929
Empréstimos	32.668.133	115.145.222
Passivo corrente	219.897.873	154.974.195
Empréstimos	78.977.739	11.241.114
Total do capital próprio	129.130.010	134.211.378
Atribuível aos acionistas da empresa mãe	125.107.432	129.690.399
Atribuível aos interesses sem controlo	4.022.578	4.520.979

Os ativos não correntes da Media Capital representam cerca de 70% do total do ativo, destacando-se o *goodwill* e os direitos de transmissão dos programas de televisão. Relativamente aos ativos correntes, destacam-se os clientes e contas a receber. Cerca de 30% do ativo da Media Capital é financiado por capitais próprios.

Demonstração do rendimento integral

A Media Capital apresenta o seu rendimento integral em duas demonstrações financeiras, uma que evidencia os rendimentos e os gastos reconhecidos em lucros ou prejuízos (demonstração dos resultados) e outra que apresenta os rendimentos e gastos reconhecidos diretamente no capital próprio sem afetar os lucros ou prejuízos. Seguidamente apresenta-se a demonstração dos resultados desta entidade referente a 2010.

Media Capital

euros

	Notas	2010	2011
PROVEITOS OPERACIONAIS			
Prestação de serviços	8	213 733 528	227 462 103
Vendas	8	10 141 278	16 924 684
Outros proveitos operacionais	8	25 132 779	23 481 439
Total dos proveitos operacionais		**249 007 585**	**267 868 226**
CUSTOS OPERACIONAIS			
Custo dos programas emitidos e das mercadorias vendidas	9	-25 334 302	-24 271 093
Fornecimentos e serviços externos		-106 848 423	-112 625 462
Custos com pessoal	10	-67 189 590	-74 606 697
Amortizações	16	-12 174 172	-12 526 881
Provisões e perdas de imparidade	28	-7 929 455	**-3 195 069**
Outros custos operacionais		-2 225 670	-3 044 991
Total dos custos operacionais		**-221 701 612**	**-230 270 193**
Resultados operacionais		**27 305 973**	**37 598 033**
RESULTADOS FINANCEIROS			
Custos financeiros		-5 999 719	-11 352 133
Proveitos financeiros		1 031 018	2 189 680
Custos financeiros, líquidos	11	**-4 968 701**	**-9 162 453**
Perdas em empresas associadas, líquidas	17	-139 858	-165 372
		-5 108 559	-9 327 825
Resultados antes de impostos		**22 197 414**	**28 270 208**
Imposto sobre o rendimento do exercício	12	-8 624 284	-9 568 306
Resultado consolidado líquido das operações em continuação		**13 573 130**	**18 701 902**
Atribuível a:			
Acionistas da empresa mãe	13	12 399 919	17 611 793
Interesses sem controlo	26	1 173 211	1 090 109
		13 573 130	18 701 902
Resultado por ação das operações em continuação			
Básico	13	0,1467	0,2084
Diluído	13	0,1467	0,2084

Poderá consultar informação adicional e visualizar vídeos sobre o Grupo Media Capital no *website* www.mediacapital.pt.

QUESTÕES:

1. **Rendimentos, gastos e resultados operacionais**

   a. Qual a opção adotada pela Media Capital na classificação dos gastos operacionais?

   b. Identifique os principais rendimentos operacionais da Media Capital e discuta eventuais exemplos destes elementos.

   c. Identifique os principais gastos operacionais da Media Capital. Qual o peso de cada um deles no total dos gastos operacionais no ano 2010? Comente.

   d. Qual o EBIT (*Earnings Before Interets and Taxes*) e qual a rentabilidade do ativo da Media Capital, no ano 2010?

2. **Resultados financeiros**

   a. Qual o valor dos resultados financeiros da Media Capital, no ano 2010?

   b. Qual a taxa média dos empréstimos da Media Capital no ano 2010? Compare com a rentabilidade do ativo.

3. **Resultado líquido**

   a. Qual o valor do resultado líquido de 2010 atribuível aos acionistas da Media Capital? E qual o valor atribuível aos interesses que não controlam?

   b. Qual a rentabilidade do capital próprio atribuível aos acionistas da Media Capital, no ano 2010?

4. Efeito das transações nos elementos da demonstração dos resultados

Admita, por hipótese, que a Media Capital constituiu, em 2011, uma nova empresa de produção e comercialização de conteúdos audiovisuais. Durante o primeiro ano de atividade, esta empresa gerou os seguintes rendimentos e suportou os seguintes gastos:

TRANSACÇÕES	€ '000
Venda de direitos de transmissão	800.000
Gastos suportados com o pessoal	200.000
Aquisição e consumo de serviços diversos	440.000
Depreciação dos ativos fixos tangíveis	([1])
Gastos de financiamento	([2])
Imposto sobre o rendimento	([3])

([1]) Os ativos fixos tangíveis foram adquiridos no início de 2011 por 900.000 mil euros, tendo uma vida útil estimada de 10 anos e um valor residual nulo.

([2]) O financiamento necessário para realizar o investimento em ativos fixos tangíveis foi assegurado por capitais próprios e por um empréstimo bancário no valor de 600.000 mil euros, obtido no início de 2011 e remunerado à taxa anual de 5%.

([3]) Esta empresa está sujeita a uma taxa de imposto sobre o rendimento de 25%.

Determine o resultado operacional, o resultado antes de impostos e o resultado líquido desta empresa no ano 2011.

RESOLUÇÃO

Media Capital: entretenimento global

1. Rendimentos, gastos e resultados operacionais

a. Qual a opção adotada pela Media Capital na classificação dos gastos operacionais?

A Media Capital optou por apresentar os gastos suportados no período de relato classificados de acordo com a sua natureza. A demonstração dos resultados apresenta, assim, os gastos classificados em custo dos programas emitidos e das mercadorias vendidas, fornecimentos e serviços externos, gastos com pessoal, amortizações e depreciações, outros gastos operacionais, entre outros.

b. Identifique os principais rendimentos operacionais da Media Capital e discuta eventuais exemplos destes elementos.

Os principais rendimentos operacionais da Media Capital são prestações de serviços que incluem, por exemplo, publicidade em televisão, publicidade em rádio e produção audiovisual.

c. Identifique os principais gastos operacionais da Media Capital. Qual o peso de cada um deles no total dos gastos operacionais no ano 2010? Comente.

Os principais gastos operacionais da Media Capital são os seguintes:

– Fornecimentos e serviços externos: 106.848.423 euros (48%)

- Gastos com pessoal: 67.189.590 euros (30%)

- Custo dos programas emitidos e das mercadorias vendidas: 25.334.302 euros (11%)

- Amortizações e depreciações: 12.174.172 (5%)

Os fornecimentos e serviços externos e os gastos com pessoal representam cerca de 80% dos gastos operacionais da Media Capital. As depreciações têm um peso pouco significativo no total dos gastos operacionais. Esta situação é característica de uma entidade prestadora de serviços.

d. Qual o EBIT (*Earnings Before Interets and Taxes*) e qual a rentabilidade do ativo da Media Capital, no ano 2010?

O EBIT é uma expressão muita utilizada na literatura anglo-saxónica e corresponde aos resultados de uma entidade antes de resultados financeiros e de impostos sobre o rendimento. O EBIT é usualmente designado, em português, por resultado operacional. O EBIT da Media Capital, no ano 2010, corresponde a 27.305.973 euros.

A rentabilidade do ativo gerada pela Media Capital, em 2010, foi de 6% [resultado operacional do período/ativo no início do período]. Este indicador mede o desempenho financeiro do negócio independentemente da sua estrutura de financiamento.

2. Resultados financeiros

a. Qual o valor dos resultados financeiros da Media Capital, no ano 2010?

Os resultados financeiros da Media Capital, no ano 2010, correspondem a (5.108.559) euros. Este valor inclui gastos de financiamento (líquidos) e resultados relativos a empresas associadas.

b. **Qual a taxa média dos empréstimos da Media Capital no ano 2010? Compare com a rentabilidade do ativo.**

A taxa média dos empréstimos da Media Capital no ano 2010 foi de 5% [custos financeiros/valor médio dos empréstimos]. Esta taxa é inferior à rentabilidade do ativo, o que indica que a Media Capital está usar de forma rentável os fundos obtidos junto de instituições de crédito.

3. Resultado líquido

a. **Qual o valor do resultado líquido de 2010 atribuível aos acionistas da Media Capital? E qual o valor atribuível aos interesses que não controlam?**

O resultado líquido de 2010 atribuível aos acionistas da Media Capital corresponde a 12.399.919 euros. O valor atribuível aos interesses que não controlam corresponde a 1.173.211 euros.

Os interesses que não controlam são os detentores do capital das subsidiárias que não pertence, direta ou indiretamente, à empresa que lidera o grupo Media Capital.

b. **Qual a rentabilidade do capital próprio atribuível aos acionistas da Media Capital, no ano 2010?**

A rentabilidade do capital próprio atribuível aos acionistas da Media Capital, no ano 2010, corresponde a 10% [resultado líquido do período atribuível aos acionistas da Media Capital/capital próprio atribuível aos acionistas da Media Capital no início do período]. Este indicador mede o retorno do capital investido pelos acionistas da Media Capital.

4. Efeito das transações nos elementos da demonstração dos resultados

Admita, por hipótese, que a Media Capital constituiu, em 2011, uma nova empresa de produção e comercialização de conteúdos audiovisuais. Durante o primeiro ano de atividade, esta empresa gerou os seguintes rendimentos e suportou os seguintes gastos. Determine o resultado operacional, o resultado antes de impostos e o resultado líquido desta empresa no ano 2011.

milhares de euros

	2011
Vendas e serviços prestados	800.000
Fornecimentos e serviços externos	(440.000)
Gastos com o pessoal	(200.000)
Depreciações e amortizações	(90.000)
Resultado operacional	**70.000**
Juros e rendimentos similares obtidos	0
Juros e gastos similares suportados	(30.000)
Resultado antes de impostos	**40.000**
Imposto sobre o rendimento do período	(10.000)
Resultado líquido do período	**30.000**

5. Demonstração de Alterações no Capital Próprio

ENUNCIADO

Sonae: a imagem de um líder

A Sonae é uma empresa de retalho, com duas parcerias ao nível das telecomunicações e centros comerciais. A inovação faz parte do dia a dia da Sonae, desde o dia da sua constituição. O início da atividade na área do retalho foi marcado pela abertura do primeiro hipermercado em Portugal.

A área de retalho da Sonae tem cerca de 1 000 lojas e 37.000 colaboradores, um volume de negócios de cerca de 5.000 milhões de euros e uma quota de mercado crescente nas insígnias de base alimentar, com um forte contributo das marcas próprias que representaram cerca de 30% das vendas nas categorias relevantes.

História

A área de retalho da Sonae teve início em 1985, com a abertura do primeiro hipermercado em Portugal: o Continente de Matosinhos.

Em 1991 foram lançados os primeiros produtos da marca própria Continente e em 1995 tem início a aposta no retalho especializado (MaxMat, Max Office, Inventory, Sportzone, Worten). Em 1997 dá-se a entrada do retalho especializado em Espanha.

Durante a década seguinte, a Sonae procedeu ao lançamento de novas marcas, como a Zippy (roupa e acessórias para crianças), a Worten Mobile (venda de telecomunicações móveis), a Área Saúde, hoje Well's, (venda de produtos ligados à saúde, beleza e bem-estar), a Book.it (livros e artigos de papelaria) e a Loop (cadeia de sapatarias).

Em 2008, inicia-se a internacionalização da Worten e da SportZone para o mercado Espanhol. A expansão internacional continua com a entrada em novos mercados, como a Arábia Saudita, a Turquia, o Egito ou o Cazaquistão.

Demonstração das alterações no capital próprio

A demonstração das alterações no capital próprio da Sonae Investimentos[5] apresenta informação sobre as alterações no capital próprio desta entidade, ocorridas durante o período, que foram realizadas com os acionistas. Seguidamente, apresenta-se a demonstração das alterações no capital próprio da Sonae Investimentos relativa ao ano 2010.

[5] A denominação social da área de retalho da Sonae é Sonae Investimentos.

DEMONSTRAÇÕES CONSOLIDADAS DAS ALTERAÇÕES NO CAPITAL PRÓPRIO
PARA OS EXERCÍCIOS FINDOS EM 31 DE DEZEMBRO DE 2010 E DE 2009

Euros

	Notas	Capital Social	Acções Próprias	Reservas Legais	Reservas de Conversão Cambial	Reservas de Cobertura	Reserva nos termos do artº 342º do CSC	Outras Reservas e Resultados Transitados	Total	Resultado Líquido do Exercício	Total	Interesses sem controlo (Nota 23)	Total do Capital Próprio
							Reservas e Resultados Transitados						
Saldo em 1 de Janeiro de 2009		1 000 000 000	-	99 300 000	3 666	-3 316 342		-346 889 834	-250 902 510	170 993 512	920 091 002	11 201 548	931 292 550
Total rendimento integral consolidado do exercício		-	-	-	78 943	-1 124 886	-	-	-1 045 943	138 171 091	137 125 148	-1 428 648	135 696 500
Aplicação do resultado líquido consolidado de 2008													
Transferência para reserva legal e resultados transitados		-	-	14 700 000	-	-	-	156 293 512	170 993 512	-170 993 512	-	-	-
Dividendos distribuídos	22	-	-	-	-	-	-	-85 000 000	-85 000 000	-	-85 000 000	-4 170	-85 004 170
Aquisições de filiais		-	-	-	-	-	-	-	-	-	-	63 575 395	63 575 395
Entradas facultativas de capital		-	-	-	-	-	-	-	-	-	-	1 000 000	1 000 000
Saldo em 31 de Dezembro de 2009		1 000 000 000	-	114 000 000	82 609	-4 441 228	-	-275 596 322	-165 954 941	138 171 091	972 216 150	74 344 125	1 046 560 275
Saldo em 1 de Janeiro de 2010		1 000 000 000	-	114 000 000	82 609	-4 441 228	-	-275 596 322	-165 954 941	138 171 091	972 216 150	74 344 125	1 046 560 275
Total rendimento integral consolidado do exercício		-	-	-	319 866	2 333 504	-	-	2 653 370	168 595 954	171 249 324	-231 971	171 017 353
Aplicação do resultado líquido consolidado de 2009													
Transferência para reserva legal e resultados transitados		-	-	3 087 918	-	-	-	135 083 173	138 171 091	-138 171 091	-	-	-
Dividendos distribuídos	22	-	-	-	-	-	-	-70 000 000	-70 000 000	-	-70 000 000	-	-70 000 000
Acções Próprias	22	-	-320 000 000	-	-	-	-	-	-	-	-320 000 000	-	-320 000 000
Constituição de reservas indisponíveis	22	-	-	-	-	-	342 000 000	-342 000 000	-	-	-	-	-
Entradas facultativas de capital	22	-	-	-	-	-	-	372 000 000	372 000 000	-	372 000 000	-	372 000 000
Distribuição de reservas livres	22	-	-	-	-	-	-	-425 000 000	-425 000 000	-	-425 000 000	-	-425 000 000
Aquisições parciais de empresas filiais		-	-	-	-	-	-	-74 566	-74 566	-	-74 566	-	-74 566
Outros		-	-	-	-	-	-	-210 613	-210 613	-	-210 613	1 322 626	1 112 013
Saldo em 31 de Dezembro de 2010		1 000 000 000	-320 000 000	117 087 918	402 475	-2 107 724	342 000 000	-605 798 328	-148 415 659	168 595 954	700 180 295	75 434 780	775 615 075

Apresenta-se também a Nota 22 – Capital, que inclui informação complementar importante sobre as transações realizadas entre a Sonae Investimentos e os seus acionistas.

---

22 CAPITAL

Em 31 de Dezembro de 2010, o capital social, integralmente subscrito e realizado, está representado por 1.000.000.000 acções ordinárias, sem direito a uma remuneração fixa, com o valor nominal de 1 euro cada uma.

Em 31 de Dezembro de 2010, o capital subscrito da sociedade era detido como segue:

Entidade	31 Dezembro 2010	31 Dezembro 2009
Sonae, SGPS, S.A.	76,858%	82,480%
Sonae Investments, BV	13,142%	17,520%
Sonae Specialized Retail, SGPS, SA	10,000%	-

Em 31 de Dezembro de 2010, a Efanor Investimentos, SGPS, S.A. e suas filiais detinham 52,98% das acções representativas do capital social da Sonae, SGPS, S.A..

Em resultado da deliberação da Assembleia-geral de accionistas de 26 de Abril de 2010, foram atribuídos aos accionistas 70.000.000 Euros a título de dividendos (85.000.000 Euros em 2009).

Durante o exercício, uma filial da Sonae Investimentos (Sonae Specialized Retail, SGPS, S.A.) adquiriu 100.000.000 de acções Sonae Investimentos ao preço unitário de 3,20 euros às suas accionistas. A 31 de Dezembro de 2010, a Sonae Investimentos detêm 10% de acções próprias. Na sequência da aquisição de acções da Sonae Investimentos SGPS, S.A., tornou-se indisponível, nos termos do artigo 324º do Código das Sociedades Comerciais, reservas livres de montante igual ao custo de aquisição. Esta reserva só poderá ser movimentada após a extinção ou alienação das referidas acções.

Em Assembleia Geral extraordinária realizada a 29 de Dezembro de 2010 foram atribuídos aos accionistas reservas livres no montante de 425.000.000 euros.

Durante o exercício foram efectuadas entradas facultativas de capital pelos accionistas Sonae SGPS, S.A. e Sonae Investments, B.V., no montante global de 372.000.000 euros.

Poderá consultar informação adicional e visualizar vídeos sobre a Sonae Investimentos no *website* www.sonae.pt/pt/sonae-investimentos.

QUESTÕES:

1. **Demonstração das alterações no capital próprio**

   a. Qual o objetivo da demonstração das alterações no capital próprio?

   b. Qual a informação apresentada pela Sonae Investimentos na sua demonstração das alterações no capital próprio?

c. Qual o elemento cujo valor total é apresentado na demonstração das alterações no capital próprio da Sonae Investimentos, mas cuja decomposição é apresentada numa outra ou em outras demonstrações financeiras?

2. Transações com acionistas

a. Identifique as transações que a Sonae Investimentos realizou com os seus acionistas, nesta qualidade, durante o ano 2010?

b. Qual o maior aumento e qual a maior diminuição do capital próprio da Sonae Investimentos relativos a transações com os seus acionistas?

c. Qual o valor dos dividendos distribuídos, no ano 2010, aos acionistas da Sonae Investimentos? Quem são estes acionistas?

d. Quantas ações próprias da Sonae Investimentos foram adquiridas no ano 2010? Qual o seu preço unitário?

3. Reconciliação entre o valor inicial e o valor final de cada componente do capital próprio

a. Qual o valor das reservas legais no início e no fim de 2010? Justifique a diferença entres os dois valores.

b. Qual o valor das reservas de conversão cambial no início e no fim de 2010? Justifique a diferença entres os dois valores.

CASO Sonae

RESOLUÇÃO

Sonae: a imagem de um líder

1. **Demonstração das alterações no capital próprio**

   a. Qual o objetivo da demonstração das alterações no capital próprio?

   O objetivo da demonstração das alterações no capital próprio é o de proporcionar informação sobre as alterações no capital próprio de uma entidade, ocorridas durante o período, que foram realizadas com os seus detentores de capital, assim como as que resultam de ajustamentos associados a alterações de políticas contabilísticas e correção de erros.

   b. Qual a informação apresentada pela Sonae Investimentos na sua demonstração das alterações no capital próprio?

   A demonstração das alterações no capital próprio da Sonae Investimento apresenta a seguinte informação:

   – Rendimento integral do período;

   – Transações com os acionistas, nesta qualidade, incluindo a distribuição de dividendos; e

   – Reconciliação entre o valor inicial e o valor final de cada componente do capital próprio, com divulgação separada de cada alteração.

c. Qual o elemento cujo valor total é apresentado na demonstração das alterações no capital próprio da Sonae Investimentos, mas cuja decomposição é apresentada numa outra ou em outras demonstrações financeiras?

O elemento cujo valor total é apresentado na demonstração das alterações no capital próprio da Sonae Investimentos, mas cuja decomposição é apresentada numa outra ou em outras demonstrações financeiras é o rendimento integral.

No ano 2010, o rendimento integral da Sonae Investimento totaliza 171.017.353 euros. A sua decomposição é apresentada na demonstração dos resultados e na demonstração do outro rendimento integral.

A parte do rendimento integral que é apresentada na demonstração dos resultados corresponde aos rendimentos e gastos reconhecidos em lucros ou prejuízos. A parte apresentada na demonstração do outro rendimento integral corresponde aos rendimentos e gastos reconhecidos diretamente no capital próprio sem afetar os lucros ou prejuízos.

2. Transações com acionistas

a. Identifique as transações que a Sonae Investimentos realizou com os seus acionistas, nesta qualidade, durante o ano 2010.

A Sonae Investimentos realizou, no ano 2010, as seguintes transações com os seus acionistas:

– Distribuição de dividendos

– Compra de ações próprias

– Entradas facultativas de capital

– Distribuição de reservas livres

– Aquisição parcial de subsidiárias

b. Qual o maior aumento e qual a maior diminuição do capital próprio da Sonae Investimentos relativos a transações com os seus acionistas?

O maior aumento e a maior diminuição do capital próprio da Sonae Investimentos relativos a transações com os seus acionistas são os seguintes:

– Entradas facultativas de capital: 372.000.000 euros

– Distribuição de reservas livres: 425.000.000 euros

c. Qual o valor dos dividendos distribuídos, no ano 2010, aos acionistas da Sonae Investimentos? Quem são estes acionistas?

O valor dos dividendos distribuídos, no ano 2010, aos acionistas da Sonae Investimentos corresponde a 70.000.000 euros. Estes acionistas são a Sonae, SGPS, a Sonae Investments, BV e a Sonae Specialized Retail, SGPS.

d. Quantas ações próprias da Sonae Investimentos foram adquiridas no ano 2010? Qual o seu preço unitário?

No ano 2010, uma das subsidiárias da Sonae Investimentos (A Sonae SR – Specialized Retail) adquiriu 100.000.000 de ações desta entidade ao preço unitário de 3,2 euros.

3. **Reconciliação entre o valor inicial e o valor final de cada componente do capital próprio**

a. Qual o valor das reservas legais no início e no fim de 2010? Justifique a diferença entres os dois valores?

O valor das reservas legais no início e no fim de 2010 é, respetivamente, 114.000.000 euros e 117.087.918 euros. A alteração das reservas legais, no valor de 3.087.918 euros, corresponde à parte do resultado líquido de 2009 que foi retido sob a forma de reserva legal.

b. Qual o valor das reservas de conversão cambial no início e no fim de 2010? Justifique a diferença entres os dois valores?

O valor das reservas de conversão cambial no início e no fim de 2010 é, respetivamente, 82.609 euros e 402.475 euros. A alteração das reservas de conversão cambial, no valor de 319.866 euros, corresponde à parte do outro rendimento integral relativa às reservas de conversão cambial.

Esta variação corresponde ao efeito das alterações nas taxas de câmbio das moedas usadas na preparação das demonstrações financeiras das subsidiárias, associadas e entidades conjuntamente controladas da Sonae Investimentos que estão sedeadas no estrangeiro e cuja moeda funcional é diferente do euro.

6. Demonstração dos Fluxos de Caixa

CASO Novabase

ENUNCIADO

História de uma empresa que nasceu na universidade

A Novabase é o grupo português líder em tecnologias de informação. Em 23 anos, acumulou experiências, fez descobertas, lançou novas questões, evoluiu em equipa, reuniu competências e alcançou o sucesso no mercado nacional e internacional.

História

A Novabase foi constituída em 1989, por uma equipa de professores do Instituto Superior Técnico, como uma pequena *software house* especialista no desenvolvimento de soluções à medida. O primeiro ciclo do seu desenvolvimento empresarial culminou no final de 1994 com a definição e formalização do seu processo produtivo, sendo a primeira empresa portuguesa no mercado do desenvolvimento de *software* a obter certificação pelo instituto Português de Qualidade (ISO 9001).

Durante a segunda metade dos anos 1990, a Novabase posicionou-se como integrador de sistemas, construindo uma rede de empresas especializadas, cada uma delas numa dada classe de sistemas. A Novabase aumenta assim a abrangência da sua oferta.

O ano 2000 constituiu um novo marco da vida desta empresa. A Novabase foi admitida à cotação na Euronext Lisbon. Nos anos 2000 alarga ainda mais a sua oferta, sendo as mais relevantes a oferta de Ticketing para Transportes, a oferta de Infra-estruturas avançadas e as soluções para TV Digital.

A Novabase hoje

Em 23 anos a Novabase tornou-se líder português em Tecnologias de Informação, estando cotada na Euronext Lisbon desde 2000.

Em 2011 alcançou um volume de negócios de 230 milhões de euros, 20% obtidos fora de Portugal, tendo trabalhado em 37 países e 9 fusos horários. Tem escritórios na Alemanha, Espanha, França, Médio Oriente, Angola e Portugal. Conta actualmente com o talento e a dedicação de mais de 2000 colaboradores.

A visão da Novabase é tornar a vida das pessoas e das empresas mais simples e mais feliz, através da utilização da tecnologia. À engenharia e à gestão junta as ciências humanas e o *design* para criar soluções centradas nas pessoas.

Nos últimos 3 anos investiu mais de 26 milhões de euros em Investigação & Desenvolvimento para especializar ofertas nos sectores Telecoms & Media, Financial Services, Government & Healthcare, Energy & Utilities, Aerospace & Transportation e Manufacturing & Services. As suas actuais linhas de negócios são Business Solutions, Infrastructures & Managed Services e Venture Capital.

Esta empresa portuguesa de sucesso tem uma excelente performance bolsista comparada com outras empresas do sector e já integrou o PSI 20, o principal índice de referência do mercado de capitais português.

Demonstração da posição financeira e demonstração do rendimento integral

A demonstração da posição financeira e a demonstração do rendimento integral da Novabase do ano 2011 evidenciam uma estrutura de financiamento equilibrada e um bom desempenho financeiro. Seguidamente apresentam-se alguns indicadores da atividade desenvolvida pela Novabase retirados destas demonstrações financeiras.

milhares de euros

INDICADORES	2011
Ativo total	206.302
Caixa e equivalentes a caixa	27.157
Passivo total	103.863
Capital próprio	102.439
Vendas	96.918
Prestação de serviços	132.715
Resultados operacionais	4.622
Rendimento líquido	2.940

Demonstração dos fluxos de caixa

A demonstração dos fluxos de caixa da Novabase apresenta informação sobre a forma como esta entidade gera e utiliza caixa e equivalentes a caixa nas suas operações e nas suas atividades de investimento e de financiamento. Seguidamente, apresenta-se a demonstração dos fluxos de caixa da Novabase relativa ao ano 2011.

Demonstração dos Fluxos de Caixa Consolidados
para o exercício findo em 31 de Dezembro de 2011

(Valores expressos em milhares de Euros)

	Nota	12 M * 31.12.11	31.12.10
Actividades Operacionais			
Recebimentos de clientes		220.015	245.289
Pagamentos a fornecedores e ao pessoal		-212.351	-222.270
Fluxo gerado pelas operações		7.664	23.019
Pagamentos de imposto sobre o rendimento		-2.077	-2.068
Outros recebimentos operacionais		328	2.215
		-1.749	147
Fluxo das Actividades Operacionais		**5.915**	**23.166**
Actividades de Investimento			
Recebimentos:			
Venda de filiais e associadas		81	78
Cash subsidiárias consolidadas pela 1ª vez (i)		1.650	349
Empréstimos concedidos a associadas		414	529
Alienação de activos fixos tangíveis		7	-
Juros e proveitos similares		553	208
		2.705	1.164
Pagamentos:			
Aquisição de filiais e associadas		-843	-444
Dissolução de subsidiárias		-5	-
Empréstimos concedidos a associadas		-514	-420
Compra de activos fixos tangíveis		-1.396	-3.736
Compra de activos intangíveis		-2.418	-4.199
		-5.176	-8.799
Fluxo das Actividades de Investimento		**-2.471**	**-7.635**
Actividades de Financiamento			
Recebimentos:			
Empréstimos obtidos		9.288	6.767
		9.288	6.767
Pagamentos:			
Empréstimos obtidos		-4.188	-2.043
Dividendos	19 / 20	-5.755	-9.662
Reduções de capital	36	-	-5.435
Rendas de locação financeira		-1.849	-1.645
Juros e custos similares		-842	-517
		-12.634	-19.302
Fluxo das Actividades de Financiamento		**-3.346**	**-12.535**
Caixa e seus equivalentes no início do período		**27.057**	**24.026**
Variação de caixa e seus equivalentes		**98**	**2.996**
Efeito em caixa e seus equivalentes das diferenças de câmbio		2	35
Caixa e seus equivalentes no fim do período	17	27.157	27.057

12 M * - período de 12 meses findo em

Poderá consultar informação adicional e visualizar vídeos sobre a Novabase no *website* www.novabase.pt.

QUESTÕES:

1. **Elementos da demonstração dos fluxos de caixa**

    a. Identifique e defina os quatro principais elementos da demonstração dos fluxos de caixa da Novabase.

    b. Qual o valor dos fluxos de caixa e seus equivalentes da Novabase no ano 2011? Qual a sua repartição por tipo de atividade?

    c. Qual a principal fonte geradora de caixa e seus equivalentes da Novabase? E o principal destino consumidor de dinheiro?

    d. Existe algum elo de ligação entre os elementos da demonstração dos fluxos de caixa e os elementos da demonstração da posição financeira da Novabase? Qual?

    e. Admita, por hipótese, que a demonstração dos fluxos de caixa da Novabase inclui, entre outros, os seguintes fluxos de caixa e seus equivalentes. Classifique-os em fluxos de caixa das atividades operacionais, de investimento e de financiamento.

FLUXOS DE CAIXA
Recebimento do valor da venda de licenças de software
Pagamento de comissões e honorários
Recebimento do valor relativo a um serviço prestado
Pagamento de energia elétrica
Recebimento relativo à venda de hardware
Liquidação do imposto sobre o rendimento
Recebimento de juros de um depósito a prazo
Pagamento relativo à aquisição de computadores
Recebimento de dividendos de uma associada
Pagamento relativo à aquisição de patentes
Recebimento relativo a um empréstimo obtido
Pagamento de dividendos aos acionistas
Pagamento de rendas de uma locação financeira
Pagamento de juros de um empréstimo bancário

2. **Fluxos de caixa das atividades operacionais**

a. Qual o método usado pela Novabase para apresentar os fluxos de caixa das atividades operacionais?

b. Identifique as principais entradas e saídas de caixa e seus equivalentes da Novabase, no ano 2011, relacionadas com as atividades operacionais desta entidade.

c. Porque razão o valor dos fluxos de caixa das atividades operacionais não coincide com o valor dos resultados operacionais da Novabase?

d. Qual a diferença entre o total das vendas e prestações de serviços da Novabase no ano 2011 e o valor que foi recebido de clientes neste mesmo ano? Em que demonstração financeira da Novabase é que está refletida esta diferença?

3. **Fluxos de caixa das atividades de investimento e de financiamento**

   a. Identifique as principais entradas e saídas de caixa e seus equivalentes da Novabase, no ano 2011, relacionadas com as atividades de investimento desta entidade.

   b. Identifique as principais entradas e saídas de caixa e seus equivalentes da Novabase, no ano 2011, relacionadas com as atividades de financiamento desta entidade.

4. **Efeito das transações nos elementos da demonstração dos fluxos de caixa**

   a. Admita, por hipótese, que no início de 2011 a Novabase ponderou a possibilidade de adquirir uma participação numa associada por 800.000 euros, recorrendo a um empréstimo bancário a reembolsar no prazo de 5 anos. Discuta o efeito que teria tido esta decisão na demonstração dos fluxos de caixa da Novabase no ano 2011.

   b. Comente a seguinte afirmação: a venda de *software* a crédito tem um impacto imediato na demonstração dos fluxos de caixa.

RESOLUÇÃO

História de uma empresa que nasceu na universidade

1. **Elementos da demonstração dos fluxos de caixa**

   a. **Identifique e defina os quatro principais elementos da demonstração dos fluxos de caixa da Novabase.**

   Os quatro principais elementos da demonstração dos fluxos de caixa da Novabase são caixa e seus equivalentes, fluxos de caixa das atividades operacionais, fluxos de caixa das atividades de investimentos e fluxos de caixa das atividades de financiamento.

   Caixa inclui o numerário e os depósitos bancários imediatamente mobilizáveis. Equivalentes a caixa são os investimentos de curto prazo que têm uma liquidez elevada, que podem ser rapidamente convertidos em numerário e que estão sujeitos a riscos insignificantes de alteração do seu valor.

   Os fluxos de caixa das atividades operacionais são as entradas e saídas de caixa e seus equivalentes relacionadas com as atividades operacionais da entidade. As atividades operacionais são aquelas que constituem o objeto de negócio da entidade.

   Os fluxos de caixa das atividades de investimento são as entradas e saídas de caixa e seus equivalentes relacionadas com as atividades de investimento da entidade. As atividades de investimento são as que estão relacionadas com a aquisição e alienação de ativos não correntes e de outros investimentos não incluídos em equivalentes a caixa.

Os fluxos de caixa das atividades de financiamento são as entradas e saídas de caixa e seus equivalentes relacionadas com as atividades de financiamento da entidade. As atividades de financiamento são as que resultam de alterações na dimensão e composição do capital próprio e dos empréstimos obtidos da entidade.

b. Qual o valor dos fluxos de caixa e seus equivalentes da Nova-base no ano 2011? Qual a sua repartição por tipo de atividade?

Os fluxos de caixa e seus equivalentes da Novabase, no ano 2011, totalizam 98 milhares de euros. A sua decomposição por tipo de atividade é a seguinte:

– Fluxos de caixa das atividades operacionais: 5.915

– Fluxos de caixa das atividades de investimento: (2.471)

– Fluxos de caixa das atividades de financiamento: (3.346)

c. Qual a principal fonte geradora de caixa e seus equivalentes da Novabase? E o principal destino consumidor de dinheiro?

A principal fonte geradora de caixa e seus equivalentes da Novabase são os seus clientes. O principal destino consumidor de dinheiro são os fornecedores e os colaboradores desta entidade.

d. Existe algum elo de ligação entre os elementos da demonstração dos fluxos de caixa e os elementos da demonstração da posição financeira da Novabase? Qual?

Existe em elemento que consta simultaneamente na demonstração dos fluxos de caixa e na demonstração da posição da financeira da Novabase. Este elemento é caixa e seus equivalentes no final do período, cujo valor corresponde a 27.157 milhares de euros.

e. Admita, por hipótese, que a demonstração dos fluxos de caixa da Novabase inclui, entre outros, os seguintes fluxos de caixa e seus equivalentes. Classifique-os em fluxos de caixa das atividades operacionais, de investimento e de financiamento.

FLUXOS DE CAIXA	ATIVIDADES OPERACIONAIS	ATIVIDADES DE INVESTIMENTO	ATIVIDADES DE FINANCIAMENTO
Recebimento do valor da venda de licenças de software	X		
Pagamento de comissões e honorários	X		
Recebimento do valor relativo a um serviço prestado	X		
Pagamento de energia elétrica	X		
Recebimento relativo à venda de hardware	X		
Liquidação do imposto sobre o rendimento	X		
Recebimento de juros de um depósito a prazo		X	
Pagamento relativo à aquisição de computadores		X	
Recebimento de dividendos de uma associada		X	
Pagamento relativo à aquisição de patentes		X	
Recebimento relativo a um empréstimo obtido			X
Pagamento de dividendos aos acionistas			X
Pagamento de rendas de uma locação financeira			X
Pagamento de juros de um empréstimo bancário			X

2. Fluxos de caixa das atividades operacionais

a. Qual o método usado pela Novabase para apresentar os fluxos de caixa das atividades operacionais?

A Novabase utiliza o método direto na apresentação dos fluxos de caixa das atividades operacionais, pelo que divulga os principais recebimentos e pagamentos relativos à atividade operacional em termos brutos.

Se a Novabase tivesse utilizado o método indireto, os fluxos de caixa das atividades operacionais seriam apresentados como resultado do ajustamento dos lucros ou prejuízos do período pelo efeito das transações que não tenham como contrapartida caixa e seus equivalentes, pelas alterações em inventários e dívidas operacionais a receber e a pagar e pelos rendimentos ou gastos relacionados com fluxos de caixa respeitantes às atividades de investimento ou de financiamentos.

b. Identifique as principais entradas e saídas de caixa e seus equivalentes da Novabase, no ano 2011, relacionadas com as atividades operacionais desta entidade?

As principais entradas e saídas de caixa e seus equivalentes da Novabase, no ano 2011, relacionadas com as atividades operacionais desta entidade são os recebimentos de clientes, no valor de 220.015 milhares de euros, e os pagamentos a fornecedores, no valor de 212.351 milhares de euros.

c. Porque razão o valor dos fluxos de caixa das atividades operacionais não coincide com o valor dos resultados operacionais da Novabase?

Os fluxos de caixa das atividades operacionais e os resultados operacionais da Novabase no ano 2011 totalizam, respetivamente, 5.915 e 4.622 milhares de euros.

A diferença entre estes dois valores deve-se ao facto de os resultados operacionais serem determinados com base no regime do acréscimo. O efeito das transações é incluído na determinação dos resultados no ano em que as mesmas ocorrem independentemente do momento em que se verifica o seu recebimento ou pagamento.

d. Qual a diferença entre o total das vendas e prestações de serviços da Novabase no ano 2011 e o valor que foi recebido de clientes neste mesmo ano? Em que demonstração financeira da Novabase é que está refletida esta diferença?

O total das vendas e prestações de serviços apresentado na demonstração do rendimento integral da Novabase no ano 2011 corresponde a 229.633 milhares de euros.

O total dos recebimentos de clientes apresentado na demonstração dos fluxos de caixa da Novabase no ano 2011 corresponde a 220.015 milhares de euros.

A diferença entre estes dois valores (9.618 milhares de euros) está refletida na demonstração da posição financeira da Novabase, em clientes e outras contas a receber.

3. **Fluxos de caixa das atividades de investimento e de financiamento**

a. **Identifique as principais entradas e saídas de caixa e seus equivalentes da Novabase, no ano 2011, relacionadas com as atividades de investimento desta entidade.**

As principais entradas e saídas de caixa e seus equivalentes da Novabase, no ano 2011, relacionadas com as atividades de investimento são as seguintes:

– Entradas de caixa relativas a uma subsidiária incluída no perímetro de consolidação durante o período de relato (1.650 milhares de euros).

– Saídas de caixa relativas à compra de ativos fixos tangíveis (1.396 milhares de euros) e de ativos intangíveis (2.418 milhares de euros).

b. Identifique as principais entradas e saídas de caixa e seus equivalentes da Novabase, no ano 2011, relacionadas com as atividades de financiamento desta entidade.

As principais entradas e saídas de caixa e seus equivalentes da Novabase, no ano 2011, relacionadas com as atividades de financiamento são as seguintes:

– Entradas de caixa relativas à obtenção de empréstimos (9.288 milhares de euros).

– Saídas de caixa relativas ao reembolso de empréstimos (4.188 milhares de euros) e ao pagamento de dividendos (5.755 milhares de euros).

4. **Efeito das transações nos elementos da demonstração dos fluxos de caixa**

a. **Admita, por hipótese, que no início de 2011 a Novabase ponderou a possibilidade de adquirir uma participação numa associada por 800.000 euros, recorrendo a um empréstimo bancário a reembolsar no prazo de 5 anos, com pagamento semestral de juros. Discuta o efeito que teria tido esta decisão na demonstração dos fluxos de caixa da Novabase no ano 2011.**

A aquisição da participação na associada com recurso a um empréstimo bancário teria como efeito uma diminuição dos fluxos de caixa das atividades de investimento (pagamentos relativos à aquisição de associadas) e um aumento dos fluxos de caixa líquidos das atividades de financiamento (recebimento do empréstimo e pagamento dos juros).

b. Comente a seguinte afirmação: a venda de *software* a crédito tem um impacto imediato na demonstração dos fluxos de caixa.

A afirmação está incorreta. A venda de *software* a crédito tem um impacto imediato na demonstração do rendimento integral mas não na demonstração dos fluxos de caixa. O efeito da venda nesta última demonstração financeira só se verifica quando o cliente pagar o valor em dívida.

CASO ZON Multimédia

ENUNCIADO

Zon Multimédia: a ligação ao mundo

A ZON Multimédia é uma empresa de referência em Portugal no setor de tecnologias de informação e comunicação, no setor de banda larga, no setor cultural e criativo e no setor designado por recreacional. É líder do mercado *triple play* (TV, banda larga e voz), do mercado *pay TV* e do mercado de exibição cinematográfica. É também o segundo maior fornecedor de internet em Portugal. A ZON Multimédia é hoje um operador com cerca de 1,6 milhões de clientes e dispõe da maior rede de fibra ótica do país, que chega a mais de três milhões de casas.

História

A invenção do telefone no século XIX, o cinema no princípio do século XX, a televisão na segunda metade do século XX e, mais tarde, a Internet, integram o desenvolvimento histórico do grande grupo empresarial que ZON Multimédia é hoje em dia.

Esta empresa resultou da separação da PT Multimédia relativamente ao grupo Portugal Telecom, que ocorreu no final 2007. A história da PT Multimédia remonta a 1993, quando foi constituída a empresa que lhe deu origem, a TV Cabo.

A TV cabo estreou-se em 1994 com a transmissão de 30 canais, incluindo os quatro canais nacionais. Em 1995, surgem cinco outros projetos de televisão por cabo (e. g. Intercabo, Cabovisão, Multichoice) tenho sido atribuídas 21 licenças.

A TV Cabo atinge no primeiro ano de atividade 55 mil subscritores, tendo aumentado no terceiro ano para 170 mil subscritores e tendo ultrapassado, em 1998, meio milhão de subscritores.

Apesar da abertura a novos acionistas em finais de 1998, o capital da TV Cabo continuou a pertencer maioritariamente à Portugal Telecom. Ainda nesse ano, a TV Cabo foi incorporada na PT Multimédia, empresa recentemente constituída. Foi também nesse ano (1998) que a televisão digital foi introduzida em Portugal, através da oferta em satélite digital com 16 canais.

A partir de 1999, a TV Cabo, então parte do operador incumbente, responde à crescente procura de serviços de entretenimento e telecomunicações afirmando-se como o maior distribuidor de televisão ao domicílio e, mais tarde, é o primeiro operador de Internet de banda larga.

Em 2008, após a separação da TV Cabo do grupo PT, surge a ZON Multimédia como marca independente. A ZON Multimédia compra todo o equipamento de rede exclusivamente dedicado ao serviço de televisão por cabo da TV Cabo, tendo em vista flexibilizar as suas operações e gerir a sua estratégia de forma independente. A mudança de nome corresponde ao desenvolvimento de um novo tipo de organização centrada no cliente. Com novos processos comerciais e de engenharia, a ZON Multimédia transforma-se num fornecedor de serviços integrados de alta de qualidade para dentro e fora do lar e para as empresas.

Atualidade

A ZON Multimédia é hoje um operador com cerca de 1,6 milhões de clientes. Dispõe da maior rede de fibra ótica do país, que chega a mais de três milhões de casas. A ZON Multimédia é também o segundo maior fornecedor de Internet e de voz fixa com 766 mil clientes e 960 mil clientes, respetivamente, no final dos primeiros nove meses de 2012. A plataforma satélite digital permite a cobertura da totalidade do território nacional. As 210 salas de cinema são a maior rede do país e são visitadas anualmente por quase dez milhões de pessoas.

A arquitetura de marca da ZON Multimédia ilustra a evolução do grupo: ZON TV Cabo, ZON Lusomundo Cinemas, ZON Audiovisuais, ZON Conteúdos, ZON Madeira e ZON Açores.

Dotada de elevado *know-how* reconhecido internacionalmente e com aplicação multimercado, a Zon Multimédia desenvolveu uma estratégia de internacionalização. A expansão teve um grande impulso em 2010 com o estabelecimento da joint-venture ZAP em Angola, para o fornecimento de serviços de TV por subscrição via satélite para aquele mercado, que se alargou recentemente para Moçambique.

Demonstração dos fluxos de caixa

A demonstração dos fluxos de caixa da Zon Multimédia apresenta informação sobre a forma como esta entidade gera e utiliza caixa e equivalentes a caixa nas suas operações e nas suas atividades de investimento e de financiamento. Seguidamente, apresenta-se a demonstração dos fluxos de caixa da Zon Multimédia relativa ao ano 2011.

Demonstrações dos Fluxos de Caixa Consolidados para os Exercícios findos em 31 de Dezembro de 2010 e 31 de Dezembro de 2011
(Montantes expressos em euros)

	Notas	12M 10	12M 11
ATIVIDADES OPERACIONAIS			
Recebimentos de clientes		1.028.008.991	1.070.765.517
Pagamentos a fornecedores		-650.756.781	-610.209.084
Pagamentos ao pessoal		-57.423.362	-63.311.489
Pagamentos relacionados com o imposto sobre o rendimento		-10.787.813	-16.516.891
Outros recebimentos/pagamentos relativos à atividade operacional		6.253.109	-69.113.610
Fluxos das atividades operacionais (1)		**315.294.144**	**311.614.443**
ATIVIDADES DE INVESTIMENTO			
Recebimentos provenientes de			
Investimentos financeiros	4.3	6.666.666	6.666.666
Ativos tangíveis		3.064.441	897.066
Emprestimos concedidos	4.3	53.200.000	4.950.955
Juros e proveitos similares		6.286.068	21.433.950
Dividendos	4.3	298.956	625.004
		69.516.131	34.590.196
Pagamentos respeitantes a			
Investimentos financeiros		-88.353	-80.903
Ativos tangíveis		-199.306.950	-169.349.510
Ativos intangíveis		-4.921.922	-3.506.345
Emprestimos concedidos	4.3	-27.802.350	-37.731.225
Aplicações financeiras	29		-20.174.634
		-232.119.575	-230.842.617
Fluxos das atividades de investimento (2)		**-162.603.444**	**-196.252.421**
ATIVIDADES DE FINANCIAMENTO			
Recebimentos provenientes de			
Empréstimos obtidos		1.555.416.667	1.810.858.804
Venda de ações próprias	4.0	74.314.757	-
		1.629.731.424	1.810.858.804
Pagamentos respeitantes a			
Empréstimos obtidos		-1.511.251.869	-1.616.125.394
Amortizações de contratos de locação financeira		-80.419.542	-66.107.089
Juros e custos similares		-37.948.936	-49.521.133
Dividendos/distribuição de resultados	4.4	-50.177.166	-49.995.891
Aquisição de ações próprias	40..2	-1.600.296	-1.196.376
		-1.681.397.809	-1.782.945.990
Fluxos das atividades de financiamento (3)		**-51.666.385**	**27.912.814**
Variação de caixa e seus equivalentes (4)=(1)+(2)+(3)		101.024.315	143.274.836
Efeito das diferenças de câmbio		393.143	-558.046
Caixa e seus equivalentes no início do período		163.228.156	264.645.614
Caixa e seus equivalentes no fim do período	22	**264.645.614**	**407.362.404**

Poderá consultar informação adicional e visualizar vídeos sobre a ZON Multimédia no *website* www.zon.pt.

QUESTÕES:

1. **Demonstração dos fluxos de caixa**

   a. Qual o objetivo da demonstração dos fluxos de caixa?

   b. Qual a definição de caixa e equivalentes de caixa?

   c. Qual a principal diferença entre a informação apresentada na demonstração dos fluxos de caixa e a informação apresentada na demonstração do rendimento integral?

2. **Apresentação dos elementos da demonstração dos fluxos de caixa**

   a. A demonstração dos fluxos de caixa da Zon Multimédia apresenta os fluxos de caixa desta entidade classificados em três categorias de atividades. Quais são e como se define cada uma delas?

   b. Qual o valor dos fluxos de caixa da Zon Multimédia no ano 2011 em cada uma das três categorias de atividades referidas na questão anterior?

   c. Como é que a ZON Multimédia aplicou o dinheiro gerado, no ano 2011, pelas suas atividades operacionais?

3. **Fluxos de caixa das atividades operacionais, de investimento e de financiamento**

   a. Quais os principais recebimentos e pagamentos da Zon Multimédia, no ano 2011, relativos às atividades operacionais?

   b. Quais os principais pagamentos da Zon Multimédia, no ano 2011, relativos às atividades de investimento?

   c. Quais os principais recebimentos e pagamentos da Zon Multimédia, no ano 2011, relativos às atividades de financiamento?

d. Admita, por hipótese, que a demonstração dos fluxos de caixa da Zon Multimédia inclui, entre outros, os seguintes fluxos de caixa e seus equivalentes. Classifique-os em fluxos de caixa das atividades operacionais, de investimento e de financiamento.

FLUXOS DE CAIXA
Recebimentos relativos à vendas de bilhetes de cinema
Recebimentos relativos à de subscrição de pacotes de canais
Recebimentos relativos às assinaturas mensais de internet
Recebimentos relativos às assinaturas e uso de telefone
Recebimentos relativos a receitas de publicidade
Pagamento de ordenados
Pagamento relativo ao patrocínio da 1ª liga de futebol
Recebimento relativo à venda de um edifício
Pagamento relativo à aquisição de uma patente
Pagamento relativo à aquisição de mobiliário para uma loja ZON
Pagamento de um novo equipamento de projeção
Pagamentos de juros de um empréstimo bancário
Recebimento de um novo empréstimo

4. Efeito das transações nos elementos da demonstração dos fluxos de caixa

a. Admita, por hipótese, que durante o ano 2012 ocorreram, entre outras, as seguintes transações com impacto nas demonstrações financeiras da Zon Multimédia. Qual o efeito destas transações nos fluxos de caixa das atividades operacionais? E no resultado operacional?

TRANSAÇÕES
Venda a pronto pagamento de bilhetes de cinema no valor de 400.000 euros. Uma parte destes bilhetes (30.000 euros) corresponde a filmes cuja exibição só ocorrerá em 2013.
Compra e uso de materiais e serviços em diferentes lojas no valor de 400.000 euros. No final de 2012, ainda se encontrava por pagar 20% deste valor.
Remodelação de uma loja, com aquisição de mobiliário e equipamento a pronto pagamento. O valor do investimento totalizou 3.000.000 euros. A depreciação destes ativos fixos tangíveis no ano 2012 corresponde a 300.000 euros.
Realização de uma ação de formação dos lojistas e agentes em Dezembro de 2012, assegurada por uma entidade externa. O valor contratado corresponde a 80.000 euros, tendo sido pago 40% deste valor na data de adjudicação. O restante será pago em Janeiro de 2013.

b. Comente a seguinte afirmação: a depreciação de um ativo fixo tangível tem um efeito imediato na demonstração dos fluxos de caixa.

c. Comente a seguinte afirmação: se todas as compras de bens e serviços se realizassem a pronto pagamento, não haveria, com certeza, qualquer diferença entre os resultados operacionais e os fluxos de caixa das atividades operacionais.

RESOLUÇÃO

Zon Multimédia: a ligação ao mundo

1. **Demonstração dos fluxos de caixa**

   a. **Qual o objetivo da demonstração dos fluxos de caixa?**

   O objetivo da demonstração dos fluxos de caixa é o de proporcionar informação sobre as entradas de caixa e sobre as saídas de caixa de uma entidade que ocorreram durante o período de relato. A demonstração dos fluxos de caixa apresenta, assim, informação sobre a forma como uma entidade gera dinheiro e sobre a forma como esta usa esse mesmo dinheiro (caixa e equivalentes de caixa).

   b. **Qual a definição de caixa e equivalentes de caixa?**

   Caixa inclui o numerário e os depósitos bancários imediatamente mobilizáveis. Equivalentes a caixa são os investimentos de curto prazo que têm uma liquidez elevada, que podem ser rapidamente convertidos em numerário e que estão sujeitos a riscos insignificantes de alteração do seu valor

   c. **Qual a principal diferença entre a informação apresentada na demonstração dos fluxos de caixa e a informação apresentada na demonstração do rendimento integral?**

   A principal diferença entre a informação apresentada na demonstração dos fluxos de caixa e a informação apresentada na demonstração do rendimento integral resulta do regime usado na preparação de cada uma delas. A demonstração dos fluxos de caixa é preparada de acordo com regime de caixa, pelo que reflete o efeito das transações que afetam a entidade no momento em que se verifica o respetivo recebimento e/ou pagamento. A demonstração do rendimento integral é preparada de acordo com regime do acréscimo, pelo que reflete o efeito das transações que afetam a entidade no momento em que estas ocorrem, independentemente do momento em que se verifique o respetivo recebimento e/ou pagamento.

Assim, se uma entidade realizar uma venda a crédito, esta transação tem um efeito imediato na demonstração do rendimento integral, mas não tem qualquer efeito imediato da demonstração dos fluxos de caixa. Por sua vez, o recebimento da dívida do cliente tem um efeito na demonstração dos fluxos de caixa, mas não tem qualquer efeito na demonstração do rendimento integral.

2. Apresentação dos elementos da demonstração dos fluxos de caixa

a. A demonstração dos fluxos de caixa da Zon Multimédia apresenta os fluxos de caixa desta entidade classificados em três categorias de atividades. Quais são e como se define cada uma delas?

A demonstração dos fluxos de caixa da Zon Multimédia apresenta os fluxos de caixa desta entidade classificados em três categorias de atividades: operacionais, de investimento e de financiamento.

As atividades operacionais as que constituem o objeto de negócio da entidade.

As atividades de investimento são as que estão relacionadas com a aquisição e alienação de ativos não correntes e de outros investimentos não incluídos em equivalentes a caixa.

As atividades de financiamento são as que resultam de alterações na dimensão e composição do capital próprio e dos empréstimos obtidos da entidade.

b. Qual o valor dos fluxos de caixa da Zon Multimédia no ano 2011 em cada uma das três categorias de atividades referidas na questão anterior?

Os fluxos de caixa das atividades operacionais, de investimento e de financiamento da Zon Multimédia no ano 2011 correspondem, respetivamente, a 311.614.443 euros, (196.252.421) euros e 27.912.814 euros.

c. Como é que a ZON Multimédia aplicou o dinheiro gerado, no ano 2011, pelas suas atividades operacionais?

A Zon Multimédia aplicou o dinheiro gerado, no ano 2011, pelas suas atividades operacionais em atividades de investimento e na criação de um excedente de caixa e seus equivalentes.

3. **Fluxos de caixa das atividades operacionais, de investimento e de financiamento**

a. Quais os principais recebimentos e pagamentos da Zon Multimédia, no ano 2011, relativos às atividades operacionais?

Os principais recebimentos e pagamentos da Zon Multimédia, no ano 2011, relativos às atividades operacionais são os seguintes:

– Recebimentos de clientes: 1.070.765.517 euros.

– Pagamentos a fornecedores: 610.209.084 euros.

b. Quais os principais pagamentos da Zon Multimédia, no ano 2011, relativos às atividades de investimento?

Os principais pagamentos da Zon Multimédia no ano 2011 relativos às atividades de investimento são pagamentos resultantes da compra de ativos fixos tangíveis, no valor de 169 349 510 euros. Esta entidade usou, assim, uma parte do dinheiro gerado pelas operações para investir em ativos a usar na prestação de serviços.

c. Quais os principais recebimentos e pagamentos da Zon Multimédia, no ano 2011, relativos às atividades de financiamento?

Os principais recebimentos e pagamentos da Zon Multimédia, no ano 2011, relativos às atividades de financiamentos são os seguintes:

– Recebimentos de empréstimos: 1.810.858.804 euros.

– Pagamentos de empréstimos: 1.616.125.934 euros.

A Zon Multimédia recorre a empréstimos de curto para financiar as suas necessidades de tesouraria, o que se manifesta num valor significativo de entradas de caixa e de saídas de caixa durante o período de relato relativas a recebimentos e pagamentos de empréstimos.

d. Admita, por hipótese, que a demonstração dos fluxos de caixa da Zon Multimédia inclui, entre outros, os seguintes fluxos de caixa e seus equivalentes. Classifique-os em fluxos de caixa das atividades operacionais, de investimento e de financiamento.

FLUXOS DE CAIXA	ATIVIDADES OPERACIONAIS	ATIVIDADES DE INVESTIMENTO	ATIVIDADES DE FINANCIAMENTO
Recebimentos relativos à vendas de bilhetes de cinema	X		
Recebimentos relativos à de subscrição de pacotes de canais	X		
Recebimentos relativos às assinaturas mensais de internet	X		
Recebimentos relativos às assinaturas e uso de telefone	X		
Recebimentos relativos a receitas de publicidade	X		
Pagamento de ordenados	X		
Pagamento relativo ao patrocínio da 1.ª liga de futebol	X		
Recebimento relativo à venda de um edifício		X	
Pagamento relativo à aquisição de uma patente		X	
Pagamento relativo à aquisição de mobiliário para uma loja ZON		X	
Pagamento de um novo equipamento de projeção		X	
Pagamentos de juros de um empréstimo bancário			X
Recebimento de um novo empréstimo			X

4. Efeito das transações nos elementos da demonstração dos fluxos de caixa

a. Admita, por hipótese, que durante o ano 2012 ocorreram, entre outras, as seguintes transações com impacto nas demonstrações financeiras da Zon Multimédia. Qual o efeito destas transações nos fluxos de caixa das atividades operacionais? E no resultado operacional?

Venda a pronto pagamento de bilhetes de cinema no valor de 400.000 euros. Uma parte destes bilhetes (30.000 euros) corresponde a filmes cuja exibição só ocorrerá em 2013.

- Efeito nos fluxos de caixa das atividades operacionais: recebimentos de clientes no valor de 400.000 euros.

- Efeito no resultado operacional: reconhecimento de um rédito no valor de 370.000 euros.

Compra e uso de materiais e serviços em diferentes lojas no valor de 400.000 euros. No final de 2012, ainda se encontrava por pagar 20% deste valor.

- Efeito nos fluxos de caixa das atividades operacionais: pagamento a fornecedores no valor de 320.000 euros.

- Efeito no resultado operacional: reconhecimento de um gasto (fornecimentos e serviços externos) no valor de 400.000 euros.

Remodelação de uma loja, com aquisição de mobiliário e equipamento a pronto pagamento. O valor do investimento totalizou 3.000.000 euros. A depreciação destes ativos fixos tangíveis no ano 2012 corresponde a 300.000 euros.

- Efeito nos fluxos de caixa das atividades operacionais: não existe.

- Efeito no resultado operacional: reconhecimento de um gasto (depreciações) no valor de 300.000 euros.

Realização de uma ação de formação dos lojistas e agentes em Dezembro de 2012, assegurada por uma entidade externa. O valor contratado corresponde a 80.000 euros, tendo sido pago 40% deste valor na data de adjudicação. O restante será pago em Janeiro de 2013.

– Efeito nos fluxos de caixa das atividades operacionais: 32.000 euros.

– Efeito no resultado operacional: reconhecimento de um gasto (fornecimentos e serviços externos) no valor de 80.000 euros.

b. Comente a seguinte afirmação: a depreciação de um ativo fixo tangível tem um efeito imediato na demonstração dos fluxos de caixa.

A afirmação está incorreta. A depreciação de um ativo fixo tangível corresponde à imputação sistemática da quantia depreciável desse ativo durante a sua vida útil. A depreciação não corresponde, assim, a uma saída de dinheiro, pelo que não tem qualquer efeito na demonstração dos fluxos de caixa. Contudo, a depreciação é um gasto a incluir nos lucros ou prejuízos, com efeito no resultado operacional.

c. Comente a seguinte afirmação: se todas as compras de bens e serviços se realizassem a pronto pagamento, não haveria, com certeza, qualquer diferença entre os resultados operacionais e os fluxos de caixa das atividades operacionais.

A afirmação está incorreta. Podem existir diferenças entre os resultados operacionais e os fluxos de caixa das atividades operacionais relacionadas com outras transações, além das compras como, por exemplo, vendas e gastos com pessoal.

Além disso, as compras de bens e serviços a pronto pagamento têm impacto imediato nos fluxos de caixa das atividades operacionais, mas podem não ter impacto imediato nos resultados operacionais. Esta situação verifica-se, por exemplo, quando a empresa não consome de imediato os bens adquiridos.

7. Notas

JERÓNIMO MARTINS

ENUNCIADO

Jerónimo Martins: parcerias com sucesso

A Jerónimo Martins é o maior grupo português com projeção internacional na área alimentar, operando nos setores da distribuição, da indústria e dos serviços. É líder na distribuição alimentar em Portugal, através das insígnias Pingo Doce e Recheio, e na Polónia, através da cadeia Biedronka. É também o maior grupo industrial de bens de grande consumo em Portugal, através das suas participações na Unilever Jerónimo Martins e na Gallo Worldwide. Um dos pilares do desenvolvimento, ao longo do tempo, da Jerónimo Martins, tem sido a sábia construção de parcerias, sob diversas formas, cuja gestão excecional faz parte do ADN do grupo.

História

A génese da Jerónimo Martins remonta ao longínquo ano de 1792, quando o jovem galego Jerónimo Martins chega a Lisboa e abre a sua modesta loja no Chiado. Depois de diversos períodos de crise e de algumas reestruturações, a Jerónimo Martins foi-se afirmando como uma referência na área da distribuição.

Em 1938 assiste-se a uma viragem estratégica da empresa apostando na área industrial, consolidada em 1949 através de uma parceria com a multinacional anglo-holandesa Unilever, sob a forma de *joint venture*, que dura até aos dias de hoje.

O ano 1978 marca o regresso de Jerónimo Martins à sua atividade original: a distribuição alimentar. Esta operação foi concretizada através da constituição da empresa Pingo Doce e consequente criação de uma extensa rede de supermercados. A Jerónimo Martins constitui uma *joint-venture* com o segundo maior retalhista belga, Delhaize "Le Lion", que passa a ter uma participação na estrutura acionista do Pingo Doce.

Na década de 80 do século XX, a Jerónimo Martins adquire o Recheio, empresa de *Cash & Carry*, e a Victor Guedes, empresa produtora do Azeite Gallo. Dá-se uma oferta pública de venda que coloca as ações da Jerónimo Martins sujeitas a transação na bolsa de valores de Lisboa.

Em 1992, o grupo constitui uma nova *joint-venture,* com a empresa holandesa *Royal Ahold,* uma das maiores empresas no mundo do retalho alimentar, que mantém até hoje uma participação de 49% na *holding* que controla o Pingo Doce. Depois de algumas alianças e aquisições, o Pingo Doce conquista a liderança na distribuição alimentar, no segmento de supermercados.

Em 1995, a Jerónimo Martins inicia o processo de internacionalização. Dá-se a expansão para a Polónia, com a aquisição de uma rede de *Cash & Carries* polaca, numa ação conjunta com os ingleses da Booker. Arranca assim o projeto Biedronka. Em 1997, inicia-se a expansão para o Brasil.

Em 2010, a Jerónimo Martins lança-se no serviço de restauração e *take-away,* que se tem revelado um importante vetor de diferenciação, fidelização e dinamização de vendas nas restantes categorias.

Negócio

A Jerónimo Martins desenvolve três grandes áreas de negócio: distribuição alimentar, indústria e serviços.

Envolvendo operações nos formatos de retalho e grossista, a Jerónimo Martins é hoje líder na Distribuição Alimentar em Portugal, com as marcas Pingo Doce (líder em supermercados) e Recheio (líder em *cash & carry*). Na Polónia, o Grupo detém a Biedronka, a maior cadeia de retalho alimentar do país.

A Jerónimo Martins é também o maior Grupo Industrial de bens de grande consumo em Portugal, através da Unilever Jerónimo Martins e da Gallo Worldwide.

A Unilever Jerónimo Martins produz e distribui produtos de grande consumo, nas áreas da alimentação, cuidado pessoal e cuidado da casa. Os produtos com assinatura da Unilever Jerónimo Martins incluem os detergentes para a roupa Skip, o gel de duche Dove os gelados Olá.

A Gallo Worldwide é detentora da quinta maior marca mundial de azeite, está presente nos cinco continentes e em mais de 40 países, sendo líder de mercado em Portugal, Brasil, Angola e Venezuela.

A Jerónimo Martins dedica-se também à distribuição e representação de marcas internacionais e ao desenvolvimento de projetos no sector da restauração.

Demonstrações financeiras

As demonstrações financeiras da Jerónimo Martins do ano 2011 evidenciam uma estrutura de financiamento equilibrada e um excelente desempenho financeiro. Seguidamente apresentam-se alguns indicadores da atividade desenvolvida pela Jerónimo Martins retirados das suas demonstrações financeiras consolidadas do ano 2011.

milhares de euros

INDICADORES	2011
Vendas e prestação de serviços	9.838.241
Resultados operacionais	500.071
Resultado líquido atribuível aos acionistas da JM	340.268
Rendimento integral atribuível aos acionistas da JM	275.839
Ativo total	4.481.283
Capital próprio atribuível aos acionistas da JM	1.120.861
Fluxos de caixa das atividades operacionais	743.893
Caixa e equivalentes a caixa no fim do período	530.155

A Jerónimo Martins apresenta, nas Notas, um conjunto de informações que permitem compreender melhor a posição financeira, o desempenho e as alterações na posição financeira desta entidade. Seguidamente, apresentam-se alguns extratos de elementos apresentados pela Jerónimo Martins nas Notas que integram as suas demonstrações financeiras de 2011.

2.6. Activos fixos tangíveis

Os activos fixos tangíveis que não sejam terrenos são registados ao custo de aquisição líquido das respectivas depreciações acumuladas e de perdas de imparidade (nota 2.13).

A classe de activos Terrenos encontra-se registada pelo valor reavaliado, determinado com base em avaliações efectuadas por peritos independentes (ver nota 2.9), com a periodicidade adequada para que o valor contabilístico seja próximo do valor de mercado.

2.7. Activos Intangíveis

Os activos intangíveis encontram-se registados pelo custo de aquisição deduzido das amortizações acumuladas e de perdas de imparidade (nota 2.13).

2.9. Propriedades de investimento

As propriedades de investimento, referem-se a terrenos e edifícios e são valorizadas ao justo valor determinado por entidades especializadas e independentes, com qualificação profissional reconhecida e com experiência na avaliação de activos desta natureza.

2.11 Existências

As existências são valorizadas ao menor, entre o custo e o valor realizável líquido. O valor realizável líquido corresponde ao preço de venda no curso normal das actividades, deduzido dos custos directamente associados à venda.

A sua valorização segue em geral o último preço de aquisição, o qual, atendendo à elevada rotação das existências, corresponde aproximadamente ao custo real que seria determinado com base no método FIFO.

2.19 Fornecedores e outros credores

Os saldos de fornecedores e outros credores são responsabilidades com pagamento de mercadorias ou serviços adquiridos pelo Grupo no curso normal das suas actividades. São registados inicialmente ao justo valor e subsequentemente ao custo amortizado de acordo com o método do juro efectivo.

2.25 Principais estimativas e julgamentos utilizados na elaboração das demonstrações financeiras

Activos tangíveis, intangíveis e propriedades de investimento

A determinação do justo valor dos activos e de propriedades de investimento, assim como as vidas úteis dos activos, é baseada em estimativas da gestão.

Justo valor de instrumentos financeiros

O justo valor de instrumentos financeiros não cotados num mercado activo é determinado com base em métodos de avaliação e teorias financeiras. A utilização de metodologias de valorização requer a utilização de pressupostos, sendo que alguns deles requerem a utilização de estimativas. Desta forma, alterações nos referidos pressupostos poderiam resultar numa alteração do justo valor reportado.

Imparidade de investimentos em associadas

Em regra, o registo de imparidade num investimento de acordo com as IFRS é efectuado quando o valor de balanço do investimento excede o valor actual dos fluxos de caixa futuros. O cálculo do valor actual dos fluxos de caixa estimados e a decisão de considerar a imparidade permanente envolve julgamento e reside substancialmente na análise da gestão em relação ao desenvolvimento futuro das suas associadas. Na mensuração da imparidade são utilizados preços de mercado, se disponíveis, ou outros parâmetros de avaliação, baseados na informação disponível das associadas. O Grupo considera a capacidade e a intenção de deter o investimento por um período razoável de tempo que seja suficiente para uma previsão da recuperação do justo valor até (ou acima) do valor de balanço, incluindo uma análise de factores como os resultados esperados da associada, o enquadramento económico e o estado do sector.

Impostos diferidos

O reconhecimento de impostos diferidos pressupõe a existência de resultados e matéria colectável futura. Os impostos diferidos activos e passivos foram determinados com base na legislação fiscal actualmente em vigor para as empresas do Grupo, ou em legislação já publicada para aplicação futura. Alterações na legislação fiscal podem influenciar o valor dos impostos diferidos.

Imparidade de clientes e devedores

A Gestão mantém uma provisão para perdas de imparidade de clientes e devedores, de forma a reflectir as perdas estimadas resultantes da incapacidade dos clientes de efectuarem os pagamentos requeridos. Ao avaliar a razoabilidade da provisão para as referidas perdas por imparidade, a Gestão baseia as suas estimativas numa análise do tempo de incumprimento decorrido dos seus saldos de clientes, a sua experiência histórica de abates, o histórico de crédito do cliente e mudanças nos termos de pagamento do cliente. Se as condições financeiras do cliente se deteriorarem, as provisões para perdas de imparidade e os abates reais poderão ser superiores aos esperados.

Pensões e outros benefícios a empregados

A determinação das responsabilidades por pagamento de pensões requer a utilização de pressupostos e estimativas, incluindo a utilização de projecções actuariais, rentabilidade estimada dos activos do plano e outros factores que podem ter impacto nos custos e nas responsabilidades do plano de pensões.
Caso as taxas de desconto utilizadas fossem inferiores em 50 p.b., as responsabilidades do Grupo relativas a Benefícios dos empregados seriam superiores em m EUR 1.474, se ao invés as taxas consideradas fossem superiores em 50 p.b. o seu impacto seria inferior em m EUR 1.379.

Provisões

O Grupo exerce julgamento considerável na mensuração e reconhecimento de provisões e a sua exposição a passivos contingentes relacionados com processos em contencioso. Esta avaliação é necessária por forma a aferir a probabilidade de um contencioso ter um desfecho favorável, ou obrigar ao registo de um passivo. As provisões são reconhecidas quando o Grupo espera que processos em curso originem a saída de fluxos, a perda seja considerada provável e possa ser razoavelmente estimada. Devido às incertezas inerentes ao processo de avaliação, as perdas reais poderão ser diferentes das originalmente estimadas na provisão. Estas estimativas estão sujeitas a alterações à medida que nova informação fica disponível, principalmente com o apoio de especialistas internos, se disponíveis, ou através do apoio de consultores externos, como actuários ou consultores legais. Revisões às estimativas destas perdas de processos em curso podem afectar significativamente os resultados futuros.

3 Reporte por segmentos de actividade

	Retalho Portugal 2011	Retalho Portugal 2010	Cash & Carry 2011	Cash & Carry 2010	Retalho Polónia 2011	Retalho Polónia 2010 (*)	Indústria Portugal 2011	Indústria Portugal 2010	Outros, eliminações e 2011	Outros, eliminações e 2010	Total JM Consolidado 2011	Total JM Consolidado 2010 (*)
Vendas e Prestações de Serviços	3 155 255	2 995 109	756 074	720 508	5 786 510	4 807 166	48 409	236 045	-88 007	-67 713	9 658 241	8 691 115
Inter-segmentos	283 413	239 266	1 327	1 419	572	1 267	36 437	40 944	-321 510	-282 377	239	519
Clientes Externos	2 871 842	2 755 843	754 747	719 089	5 785 938	4 805 899	11 972	195 101	233 503	214 664	9 658 002	8 690 596
Cash Flow Operacional (EBITDA)	192 840	186 519	48 046	44 389	458 417	363 314	28 467	34 086	-6 215	-4 031	721 555	624 277
Depreciações e Amortizações	-94 459	-88 521	-10 922	-9 180	-95 008	-84 880	-3 185	-3 086	-5 682	-5 109	-209 256	-190 775
Resultado Operacional (EBIT)	98 381	97 998	37 124	35 209	363 409	278 434	25 282	31 001	-11 897	-9 140	512 299	433 502
Resultados Financeiros	-	-	-	-	-	-	-	-	-	-	-31 532	-44 706
Resultado Líquido atribuível a JM	-	-	-	-	-	-	-	-	-	-	340 268	281 015
TOTAL ACTIVOS	1 840 693	1 871 330	312 854	301 821	1 864 433	1 660 500	194 233	199 361	269 070	126 010	4 481 283	4 159 022
TOTAL DE PASSIVOS	1 233 706	1 292 800	248 156	256 080	1 215 220	1 147 527	113 932	122 514	248 584	208 289	3 059 598	3 027 210
Investimentos em Activos Fixos	106 464	115 822	12 983	27 283	312 476	270 719	3 761	4 049	2 644	16 315	438 328	434 188
Reforço de provisões e ajustamentos para o valor de realização	-30 551	-5 921	-2 459	-1 044	-800	-3 407	-1 513	-403	-4 516	-1 160	-39 839	-11 935
Reversão de provisões e ajustamentos para o valor de realização	352	114	2 515	406	834	188	775	343	528	380	5 004	1 431

(*) Reexpresso - ver nota 2

5 Proveitos e custos suplementares

	2011	2010 (*)
Ganhos suplementares	493 379	393 623
Descontos pronto pagamento obtidos	43 210	41 185
Descontos pronto pagamento concedidos	-3 083	-3 144
Comissões sobre meios de pagamento electrónicos	-17 776	-16 689
Outros custos suplementares	-39 977	-34 919
Provisões para saldos devedores de fornecedores	-969	-442
	474 784	379 614

(*) Reexpresso

Os ganhos suplementares respeitam a ganhos obtidos pelo Grupo com a distribuição de produtos de consumo, nomeadamente alugueres de espaço, participações em aniversários, aluguer de topos.

6 Custos de distribuição e administrativos

	2011	2010 (*)
Fornecimentos e serviços externos	369 784	337 420
Publicidade	66 443	71 154
Rendas e alugueres	203 933	182 930
Custos com o pessoal	748 946	678 887
Amortizações e ganhos/perdas com activos tangíveis e intangíveis	208 314	190 217
Custos de transporte	130 190	113 657
Outros ganhos e perdas operacionais	4 155	6 063
	1 731 765	1 580 328

(*) Reexpresso

8 Custos financeiros líquidos

	2011	2010 (*)
Juros suportados	-32 534	-37 676
Juros obtidos	8 673	4 395
Dividendos	27	67
Diferenças de câmbio	-1 730	-706
Outros custos e proveitos financeiros	-4 965	-6 144
Justo valor de activos finacneiros detidos para negociação:		
Instrumentos derivados	-9	-146
	-30 538	-40 210

(*) Reexpresso

12 Activos fixos tangíveis

12.1 Movimentos ocorridos no exercício

2011	Terrenos e recursos naturais	Edifícios e outras construções	Equipamento básico e ferramentas	Equipamento transporte e outros	Activos fixos tangíveis em curso e adiantamentos	Total
Custo						
Saldo inicial	**431 992**	**1 679 699**	**1 037 952**	**185 283**	**135 735**	**3 470 661**
Diferenças cambiais	-13 086	-84 994	-30 070	-8 775	-18 001	-154 926
Aumentos	17 835	137 760	97 438	7 655	158 364	419 052
Reavaliações	12 103	-	-	-	-	12 103
Alienações	-1 342	-6 944	-11 849	-3 653	-3 143	-26 931
Transferências e abates	5 271	52 102	-6 232	327	-68 209	-16 741
Aquisições e reestruturação de negócios	-	1 016	324	413	48	1 801
Transferências de/papa prop. Investimento	-786	-1 624	-	-	-	-2 410
Saldo final	**451 987**	**1 777 015**	**1 087 563**	**181 250**	**204 794**	**3 702 609**
Amortizações e perdas por imparidade						
Saldo inicial	-	**476 737**	**656 319**	**144 781**	-	**1 277 837**
Diferenças cambiais	-	-23 932	-14 774	-6 699	-	-45 405
Aumentos	-	91 274	91 043	17 274	-	199 591
Reavaliações	-	-2 703	-11 245	-3 472	-	-17 420
Alienações	-	798	-10 305	-4 446	-	-13 953
Transferências e abates	-	249	100	243	-	592
Aquisições e reestruturação de negócios	-	-847	-	-	-	-847
Transferências de/papa prop. Investimento	-	1 500	213	-	-	1 713
Saldo final	-	**543 076**	**711 351**	**147 681**	**0**	**1 402 108**
Valor líquido						
Em 1 de Janeiro de 2011	431 992	1 202 962	381 633	40 502	135 735	2 192 824
Em 31 de Janeiro de 2011	451 987	1 233 939	376 212	33 569	204 794	2 300 501

12.4 Reavaliações

O Grupo regista os terrenos afectos à actividade operacional ao valor de mercado, apurado por entidades especialistas e independentes.
(...)
Se aos activos terrenos, valorizados por m EUR 451.987 (m EUR 431.992 em 2010) conforme nota 12.1, tivesse sido aplicado o modelo do custo, o seu valor líquido contabilístico seria de m EUR 288.200 (m EUR 277.196 em 2010).

13.4 Testes de imparidade do *Goodwill*

O Grupo tem o *Goodwill* alocado por cada área de negócio, sendo este composto da seguinte forma:

	2011	2010
Retalho Portugal	239 386	239 386
Cash & Carry Portugal	82 460	82 460
Madeira	8 509	8 509
Indústria Portugal	93 809	93 809
Serviços	57	57
Framácias Polónia	8 702	-
Retalho Polónia	287 640	322 590
	720 563	**746 811**

25.1 Empréstimos correntes e não correntes

	2011	2010
Empréstimos não correntes		
Empréstimos bancários	83 647	175 746
Empréstimos por obrigações	284 798	419 228
Responsabilidades com locação financeira	17 108	39 208
	385 553	**634 182**
Empréstimos correntes		
Descobertos bancários	8 085	7 671
Empréstimos bancários	90 468	80 536
Empréstimos por obrigações	235 000	98 643
Responsabilidades com locação financeira	21 119	32 367
	354 672	**219 217**

33 Partes relacionadas

33.1 Saldos e transacções com partes relacionadas

O Grupo é participado em 56,13% pela Sociedade Francisco Manuel dos Santos, não tendo existido transacções directas entre esta e qualquer outra Companhia do Grupo no exercício de 2011, nem se encontrando à data de 31 de Dezembro de 2011 qualquer valor a pagar ou a receber entre elas.

Os saldos e transacções não anulados no processo de consolidação, relativos a partes relacionadas, são os seguintes:

	Vendas e Prestação de Serviços		Compras de Mercadorias e Fornecimentos e serviços	
	2011	2010	2011	2010
Joint Ventures	239	519	43 871	49 384
Empresas Associadas	-	43	1 122	1 742

35 Interesses em empresas controladas conjuntamente e associadas

O Grupo detém (directa e indirectamente) interesses nas seguintes empresas controladas conjuntamente (*jointventures*):

● Na Unilever Jerónimo Martins o Grupo detém uma participação de 45%, a qual controla um conjunto de Companhias que se dedicam à fabricação e comercialização de produtos na área das gorduras alimentares e gelados, e à distribuição e comercialização de bebidas e de produtos de higiene pessoal e doméstica, utilizando as suas Marcas Próprias e marcas propriedade do Grupo Unilever;

● Na Gallo WorldWide o Grupo detém uma participação de 45%, na qual se dedica à distribuição de azeites e óleos alimentares, utilizando as suas Marcas Próprias e marcas do Grupo Unilever.

O Grupo detém directamente interesse na seguinte empresa associada:

● Uma participação de 27,545% na Sociedade Perfumes e Cosméticos Puig Portugal - Distribuidora, S.A., a qual se dedica à comercialização de perfumes e de produtos de cosmética.

Poderá consultar informação adicional e visualizar vídeos sobre a Jerónimo Martins no *website* www.jeronimomartins.pt.

QUESTÕES:

1. Notas sobre políticas contabilísticas

a. Qual o procedimento usado pela Jerónimo Martins na mensuração subsequente dos seus ativos fixos tangíveis, ativos intangíveis e propriedades de investimento?

b. Qual o critério usado pela Jerónimo Martins na mensuração dos inventários?

c. Qual o critério usado pela Jerónimo Martins na mensuração das dívidas a pagar a fornecedores?

d. Quais os elementos das demonstrações financeiras da Jerónimo Martins responsáveis pelas principais estimativas e julgamentos usados por esta entidade?

2. **Notas sobre elementos da demonstração da posição financeira**

   a. Qual a classe de ativos fixos tangíveis da Jerónimo Martins com maior peso no total dos ativos fixos tangíveis?

   b. Qual o valor contabilístico dos terrenos e recursos naturais da Jerónimo Martins no final de 2011? Qual o valor contabilístico que esta classe de ativos fixos tangíveis teria apresentado se a Jerónimo Martins tivesse aplicado o modelo do custo na mensuração subsequente destes ativos?

   c. Quais as áreas de negócios às quais a Jerónimo Martins alocou o *goodwill* reconhecido na sua demonstração da posição financeira?

   d. Qual é, no final de 2011, o valor dos empréstimos obrigacionistas da Jerónimo Martins a reembolsar num prazo superior a um ano?

3. **Notas sobre elementos da demonstração dos resultados por funções**

   a. Quais os dois segmentos de negócio da Jerónimo Martins que, em 2011, apresentaram um maior volume de vendas e prestação de serviços e um maior resultado operacional?

   b. Qual o valor dos ganhos suplementares reconhecidos pela Jerónimo Martins no ano 2011? A que se referem estes ganhos?

   c. Qual o valor dos gastos com publicidade suportados pela Jerónimo Martins no ano 2011?

   d. Qual o valor dos juros suportados pela Jerónimo Martins no ano 2011?

4. Outras Notas

a. Quais as empresas conjuntamente controladas e quais as empresas associadas da Jerónimo Martins? Qual a percentagem de participação que a Jerónimo Martins detém, direta ou indiretamente, em cada uma estas empresas?

b. Qual o valor das transações não anuladas no processo de consolidação realizadas, no ano 2011, entre a Jerónimo Martins e partes relacionadas relativo a compras de mercadorias e fornecimento de serviços?

CASO Jerónimo Martins

 JERÓNIMO MARTINS

RESOLUÇÃO

Jerónimo Martins: parcerias com sucesso

1. **Notas sobre políticas contabilísticas**

a. Qual o procedimento usado pela Jerónimo Martins na mensuração subsequente dos seus ativos fixos tangíveis, ativos intangíveis e propriedades de investimento?

A Jerónimo Martins usa os seguintes procedimentos:

- **Ativos fixos tangíveis:**

    Terrenos: estes ativos são apresentados ao seu valor reavaliado, deduzido das depreciações acumuladas e de quaisquer perdas por imparidade acumuladas (modelo do revalorização).

    Outros ativos fixos tangíveis: estes ativos são apresentados ao seu custo, deduzido das depreciações acumuladas e de quaisquer perdas por imparidade acumuladas (modelo do custo).

- **Ativos intangíveis**: estes ativos são apresentados ao seu custo, deduzido das amortizações acumuladas e de quaisquer perdas por imparidade acumuladas (modelo do custo).

- **Propriedades de investimento**: estes ativos são apresentados ao justo valor no fim do período de relato (modelo do justo valor).

b. Qual o critério usado pela Jerónimo Martins na mensuração dos inventários?

A Jerónimo Martins procede à mensuração dos inventários pelo menor entre o custo e o valor realizável líquido. A mensuração do custo segue em geral o último preço de aquisição, o qual, atendendo à elevada rotação dos inventários, corresponde aproximadamente ao custo real que seria determinado com base no critério FIFO.

c. Qual o critério usado pela Jerónimo Martins na mensuração das dívidas a pagar a fornecedores?

A Jerónimo Martins procede à mensuração das dívidas a pagar a fornecedores inicialmente ao justo valor e subsequentemente ao custo amortizado de acordo com o método do juro efetivo.

d. Quais os elementos das demonstrações financeiras da Jerónimo Martins responsáveis pelas principais estimativas e julgamentos usados por esta entidade?

As principais estimativas e julgamentos usados pela Jerónimo Martins na elaboração das suas demonstrações financeiras estão relacionadas com os seguinte elementos:

– Ativos fixos tangíveis, intangíveis e propriedades de investimento

– Justo valor de instrumentos financeiros

– Imparidade de investimentos em associadas

– Impostos diferidos

– Pensões e outros benefícios a empregados

– Provisões

2. Notas sobre elementos da demonstração da posição financeira

a. Qual a classe de ativos fixos tangíveis da Jerónimo Martins com maior peso no total dos ativos fixos tangíveis?

A classe de ativos fixos tangíveis da Jerónimo Martins que têm maior peso no total dos ativos fixos tangíveis desta entidade é a que corresponde aos edifícios e outras construções (55% em 2011).

b. Qual o valor contabilístico dos terrenos e recursos naturais da Jerónimo Martins no final de 2011? Qual o valor contabilístico que esta classe de ativos fixos tangíveis teria apresentado se a Jerónimo Martins tivesse aplicado o modelo do custo na mensuração subsequente destes ativos?

O valor contabilístico dos terrenos e recursos naturais da Jerónimo Martins no final de 2011 era 451.987 milhares de euros. Se esta entidade tivesse aplicado o modelo do custo, em alternativa ao modelo de revalorização, o valor contabilístico dos terrenos e recursos naturais seria 288.200 milhares de euros.

c. Quais as áreas de negócios às quais a Jerónimo Martins alocou o *goodwill* reconhecido na sua demonstração da posição financeira?

A Jerónimo Martins tem o *goodwill* alocado às seguintes áreas de negócio:

- Retalho Portugal
- *Cash* & *Carry* Portugal
- Madeira
- Indústria Portugal
- Serviços
- Farmácias Polónia
- Retalho Polónia

d. Qual é, no final de 2011, o valor dos empréstimos obrigacionistas da Jerónimo Martins a reembolsar num prazo superior a um ano?

O valor dos empréstimos obrigacionistas da Jerónimo Martins, no final de 2011, a reembolsar num prazo superior corresponde a 284.798 milhares de euros.

3. **Notas sobre elementos da demonstração dos resultados por funções**

a. Quais os dois segmentos de negócio da Jerónimo Martins que, em 2011, apresentaram um maior volume de vendas e prestação de serviços e um maior resultado operacional?

Os segmentos de negócio da Jerónimos Martins que, em 2011, apresentaram um maior volume de vendas e prestação de serviços e um maior resultado operacional são os segmentos de Retalho Polónia e Retalho Portugal.

b. Qual o valor dos ganhos suplementares reconhecidos pela Jerónimo Martins no ano 2011? A que se referem estes ganhos?

O valor dos ganhos suplementares reconhecidos pela Jerónimo Martins no ano 2011 corresponde a 493.379 milhares de euros. Estes ganhos foram obtidos com a distribuição de produtos de consumo, nomeadamente, alugueres de espaço, participações em aniversários e aluguer de topos.

c. Qual o valor dos gastos com publicidade suportados pela Jerónimo Martins no ano 2011?

O valor dos gastos com publicidade suportados pela Jerónimos Martins no ano 2011 corresponde a 66.443 milhares de euros.

d. Qual o valor dos juros suportados pela Jerónimo Martins no ano 2011?

O valor dos juros suportados pela Jerónimo Martins no ano 2011 corresponde a 32.534 milhares de euros.

4. Outras Notas

a. Quais as empresas conjuntamente controladas e quais as empresas associadas da Jerónimo Martins? Qual a percentagem de participação que a Jerónimo Martins detém, direta ou indiretamente, em cada uma estas empresas?

A Jerónimo Martins tem participações nas seguintes empresas conjuntamente controladas:

– Unilever Jerónimo Martins (45%), empresa que controla um conjunto de entidades que se dedicam à fabricação e comercialização de produtos na área das gorduras alimentares e gelados e à distribuição e comercialização de bebidas e de produtos de higiene pessoal e doméstica, utilizando as suas Marcas Próprias e marcas propriedade do Grupo Unilever.

– Gallo WorldWide (45%), empresa que se dedica à distribuição de azeites e óleos alimentares, utilizando as suas Marcas Próprias e marcas do Grupo Unilever.

A Jerónimo Martins tem uma participação na seguinte empresa associada:

– Sociedade Perfumes e Cosméticos Puig Portugal - Distribuidora, S.A., (27,545%), empresa que se dedica à comercialização de perfumes e de produtos de cosmética.

b. Qual o valor das transações não anuladas no processo de consolidação realizadas, no ano 2011, entre a Jerónimo Martins e partes relacionadas relativo a compras de mercadorias e fornecimento de serviços?

O valor das compras de mercadorias e fornecimento de serviços, não anulado no processo de consolidação, realizados no ano 2011 entre a Jerónimo Martins e partes relacionadas corresponde ao seguinte:

– Compras de mercadorias: 43.871 milhares de euros

– Fornecimento de serviços: 1.122 milhares de euros